古巴地质矿产与矿业开发

赵建粮 张 晋 王 岩 编著

黄河水利出版社

·郑 州·

内 容 提 要

本书概略地介绍了古巴自然地理、社会经济状况、基础设施、地质调查程度及地质调查机构等内容,从区域地质概况、地层、构造、变质岩和岩浆岩等 5 个方面详细介绍了古巴区域地质情况,分析了古巴矿产资源分布及优势矿产资源潜力状况,在此基础上对成矿带进行了划分。本书还详细论述了古巴的矿业政策、矿产勘查、矿业开发、矿业管理。最后为我国企业投资古巴矿产、勘查开发提出了认识和建议。

本书可供从事矿业管理和投资的人员参考,也可供大专院校相关专业师生阅读参考。

图书在版编目(CIP)数据

古巴地质矿产与矿业开发/赵建粮,张晋,王岩编著—郑州:黄河水利出版社,2022.6

ISBN 978-7-5509-3305-7

Ⅰ.①古… Ⅱ.①赵… ②张…③王… Ⅲ.①区域地质-研究-古巴②矿产资源-研究-古巴③矿业开发研究-古巴 Ⅳ.①P567.51②P617.751③F475.161

中国版本图书馆 CIP 数据核字(2022)第 094991 号

组稿编辑:王路平 电话:0371-66022212 E-mail:hhslwlp@126.com

出 版 社:黄河水利出版社　　　　　　　　网址:www.yrcp.com
　　　　　地址:河南省郑州市顺河路黄委会综合楼14层　邮政编码:450003
发行单位:黄河水利出版社
　　　　　发行部电话:0371-66026940、66020550、66028024、66022620(传真)
　　　　　E-mail:hhslcbs@126.com
承印单位:河南新华印刷集团有限公司
开本:890 mm×1 240 mm　1/32
印张:5.125
字数:160千字
版次:2022年6月第1版　　　　　印次:2022年6月第1次印刷
定价:60.00元

前　言

古巴位于中美洲加勒比海西北部墨西哥湾入口,与中国有着深厚的历史渊源,与中国的改革开放历程一样,也在转型与变革中酝酿着勃勃生机。最近,古巴通过新《宪法》修正草案,承认了冷战结束以来古巴社会经济的新变化,肯定了私人企业合法化和外国投资的重要性。古巴于早前就表示希望加大与中国的经贸往来,参与"一带一路"建设,成为"一带一路"通向加勒比海和拉美地区的枢纽。

古巴矿产资源丰富,镍、钴等优势矿产在全球占有举足轻重的地位。其中,镍储量占世界已探明储量的1/3左右,2017年古巴是全球第十大镍生产国,亦是全球第五大钴生产国。2018年底,古巴政府曾发布消息称当年国内镍钴矿产量预计将达5万t;锰储量约700万t;铬的储量也较丰富;铁矿储量约有35亿t,主要分布于尼佩山和巴拉科阿山区,是世界上储量最大的地区之一。古巴几乎所有的山脉都蕴藏着铜矿;松树岛储有钨矿,还出产大理石。该国的镍矿、钴矿等矿产资源是我国相对短缺的矿种,具有很强的资源互补性,可以作为我国矿业企业在境外勘查开发矿产资源的重点选区。

编写本书的目的是更好地梳理和总结古巴地质矿产特征与矿业开发现状,为政府决策和企业走出去服务,也为我国国内从事地球科学研究的科研人员和从事矿产资源勘查开发的技术人员获取古巴的基础地质、矿产资源和矿业开发信息提供帮助。

全书概略地介绍了古巴自然地理、社会经济状况、基础设施、地质调查程度及地质调查机构等内容;笔者还从区域地质概况、地层、构造、变质岩和岩浆岩5个方面详细介绍了古巴区域地质情况,分析了古巴矿产资源分布及优势矿产资源潜力状况,在此基础上对成矿带进行了划分。本书还详细论述了古巴的矿业政策、矿产勘查、矿业开发、矿业管理。最后作者为在古巴进行矿产勘查的中资企业提供了建议。

全书共分6章,各章节编写分工如下:第一章、第三章、第六章由赵建粮编写,第二章、第四章由张晋编写,第五章由王岩编写,矿业法律法规由王岩编译。

本书的完成得益于中国地质调查局发展研究中心、河南省地矿局第二地质环境调查院的有关领导的关心和大力支持。中国地质调查局发展研究中心境外地质调查项目管理室处长元春华、援外培训项目负责人韩九曦,河南省地矿局第二地质环境调查院的王刚、龚晓玲等专家给予了许多具体指导。在此,我们对上述各位领导和专家表示衷心的感谢!

在本书的编写过程中,笔者遇到诸如原始资料缺乏、资料收集困难、时间和人力投入等方面的问题,因此还存在一些不足。由于古巴曾长期受到制裁,经济发展滞后,目前地学界和矿业界对古巴的地质和矿业的认识还有待深入研究。希望随着全球矿业合作的深入推进,特别是随着地学界对古巴的地质与矿产规律性认识的持续提高,我们有机会在将来对古巴的地质与矿产资源有一个更高水平的"再认识"。欢迎读者提出中肯的批评和建设性的指正意见。

作 者

2022年2月于郑州

目 录

前 言

第一章 概 况 ……………………………………………………… （1）
　　第一节 自然地理 ………………………………………………… （1）
　　第二节 社会经济状况 …………………………………………… （2）
　　第三节 基础设施 ………………………………………………… （8）
　　第四节 地质工作回顾及现状 …………………………………… （13）
　　第五节 地质矿产调查机构 ……………………………………… （15）

第二章 区域地质概况 ……………………………………………… （16）
　　第一节 区域地层 ………………………………………………… （16）
　　第二节 地质构造 ………………………………………………… （26）
　　第三节 变质岩 …………………………………………………… （32）
　　第四节 岩浆岩 …………………………………………………… （35）

第三章 区域矿产与成矿带划分 …………………………………… （38）
　　第一节 矿产概况 ………………………………………………… （38）
　　第二节 区域矿产 ………………………………………………… （40）
　　第三节 成矿带划分 ……………………………………………… （69）

第四章 矿产勘查开发现状 ………………………………………… （71）
　　第一节 矿产勘查工作程度 ……………………………………… （71）
　　第二节 矿业概况 ………………………………………………… （76）
　　第三节 矿产在国民经济中的地位 ……………………………… （77）
　　第四节 矿产品产量 ……………………………………………… （78）
　　第五节 矿业产业结构 …………………………………………… （79）
　　第六节 矿产贸易 ………………………………………………… （82）
　　第七节 中国和古巴矿业合作 …………………………………… （82）

第五章　矿业开发政策 ………………………………………… (85)

　　第一节　古巴共产党(PCC)制定的矿业政策指南 ……… (85)

　　第二节　古巴矿业政策 ………………………………… (86)

　　第三节　古巴采矿业法律框架概况 …………………… (88)

　　第四节　古巴采矿业外商投资法 ……………………… (90)

第六章　认识和建议 ………………………………………… (92)

　　第一节　投资古巴矿业的有利条件 …………………… (92)

　　第二节　投资古巴矿业的不利条件 …………………… (92)

　　第三节　关于投资古巴矿业的几点建议 ……………… (93)

附　录 ………………………………………………………… (95)

　　附录1　影响勘查投资的法规清单 …………………… (95)

　　附录2　古巴共和国矿业法(第76号法律) ………… (96)

　　附录3　外商投资法(第118号法) ………………… (115)

参考文献 ……………………………………………………… (133)

第一章 概 况

第一节 自然地理

古巴位于中美洲加勒比海西北部墨西哥湾入口,海岸线长 5 746 km。东北距巴哈马仅 21 km,东靠向风海峡,距海地约 77 km;南连加勒比海,距牙买加约 140 km;西临墨西哥湾,距墨西哥 210 km。领土总面积为 109 884 km^2。古巴全国人口 1 120 万(2019 年)。城市人口占总人口的 77%。人口年增长率−1.4‰,人口死亡率 9.7‰,2018 年古巴婴儿死亡率下降至历史最低(4.00‰)。人口比较集中的城市主要有首都哈瓦那(人口约 213 万)、圣地亚哥、奥尔金和卡马圭。2019 年,古巴城镇人口总量达 863.04 万,城镇人口增长率为−0.06%。官方语言为西班牙语,较发达地区也使用英语。首都哈瓦那市,位于古巴西北部,面积 728.26 km^2,人口 213.1 万(2019 年)。首都哈瓦那属西 5 时区,当地时间比北京时间晚 13 h。每年 3 月底至 10 月底实行夏令时制(比北京时间晚 12 h)。

古巴由古巴岛、青年岛等 1 600 多个岛屿组成,是西印度群岛中最大的岛国。其中,平原占总面积的 75%;西北部、中部和东南部为高原和山区,占 18%;西部是丘陵和沼泽地,占 7%。图尔基诺峰为全国最高山峰,海拔 1 974 m。

古巴全境大部分地区属热带草原性气候,仅部分地区为热带雨林气候,全年分两季,旱季(11 月至次年 4 月)和雨季(5~10 月),年平均气温 25 ℃,相对湿度 81%。除少数地区外,年降水量在 1 000 mm 以上。2018 年平均降水量为 1 471.3 mm。

从 2011 年 1 月 1 日起,古巴全国行政划分为 15 个省和 1 个特区,省下设 168 个市。15 个省分别是比那尔德里奥、阿特米萨、哈瓦那(首都)、玛雅贝克、马坦萨斯、比亚克拉拉、西恩富戈斯、圣斯皮里图斯、谢戈德阿维拉、卡马圭、拉斯图纳斯、奥尔金、格拉玛、圣地亚哥、关塔那摩。1个特区是青年岛特区。

古巴自然资源丰富。具有开采价值的矿产资源有镍、钴、锰、铬、铁和铜等。其中,镍储量占世界已探明储量的1/3左右。2017年古巴是全球第十大镍生产国,亦是全球第五大钴生产国。2018年底,古巴政府曾发布消息称当年国内镍钴矿产量预计将达5万t;锰储量约700万t;铬的储量也较丰富;铁矿储量约有35亿t,主要分布于尼佩山和巴拉科阿山区,是世界上储量最大的地区之一。古巴几乎所有的山脉都蕴藏着铜矿;松树岛储有钨矿,还出产大理石。

2008年,古巴宣布已探明可开采石油储量200亿桶,主要储藏在墨西哥湾古巴专属经济区。但根据美国地质调查局公布的数据,古巴近海石油储量约50亿桶,最多不超过90亿桶。2016年,澳大利亚MEO石油勘探公司在古巴中西部省份发现拥有80亿桶储量的大油田。古巴99%以上的石油产自首都哈瓦那和马坦萨斯省之间近海大陆架,尽管该区块已开采半个多世纪,仍拥有近60亿桶储量。古巴200海里专属经济区面积约为11.2万 km²,此范围内石油储量为46亿~93亿桶,天然气储量为9.8万亿~21.8万亿 m³。2017年,古巴国内石油产量为353.8万t(低于此前400万t的年产量)。在关塔那摩、拜提吉里和拉伊萨伯拉等沿海还可生产海盐。森林面积占全国土地面积约27.5%,盛产红木、檀香木和古巴松等贵重木材。

第二节　社会经济状况

古巴是西半球唯一的社会主义国家,政局稳定,社会治安良好,战略地位重要,是北美大陆通往南美的重要门户和通道,素有"加勒比海明珠"的美称,历史上曾一度成为西半球贸易航运中心和投资热点。农业、渔业、旅游资源丰富,发展潜力巨大。1959年革命胜利后,由于意识形态对立及外部安全环境复杂等种种因素,较长时期内古巴政府对外国投资保持警惕和排斥态度。古巴经济结构比较单一,生产和生

活物资多依靠进口,受美国长期封锁的负面影响,经济发展缓慢。另外,古巴政府实行高度集中的计划体制,经济缺乏活力,发展迟缓。

2011年经济社会模式更新启动以来,在发展经济、改善民生、维护社会稳定的现实压力下,古巴在吸收外国投资方面改变了观念,主要表现在:

(1)政治上转变观念,释放积极信号。古巴党、政、军高级领导在公开场合多次表示,通过扩大对外开放、吸收外资增强经济造血能力是古巴的重大国家战略,不仅事关社会经济模式更新和社会主义事业成败,更关系到社会主义政权的生死存亡。劳尔·卡斯特罗·鲁斯主席反复强调,"豆子和大炮一样重要,甚至更加重要",号召党员干部和全国人民切实转变观念,从思想上领会这一战略的重大意义,从行动上加速落实各项改革措施。古巴还将扩大外资准入,将提升外资企业自主权等内容纳入模式更新纲领性文件,向外界展示古巴坚定不移扩大开放、吸纳外资的决心。

(2)积极探索,在制度上突破藩篱,夯实法理基础。新《外商投资法》理顺外国投资者法律地位和权利义务,保护投资者利润及其他合法权益,允许外商合资、独资企业进入除医疗、教育、国防外的所有领域,并对合资企业缴纳的所得税、资源税、雇工税等给予一定减免。此外,出台马里埃尔特区法,设立马里埃尔发展特区,给予特区内外资企业税收减免优惠政策,建立更加规范、高效的投资审批流程,打造吸引外资的示范窗口。

(3)配套上积极跟进,营造良好氛围。古巴发挥适龄劳动人口充足、劳动力素质较高等优势建立职业培训体系,加强对旅游、金融、行政等领域从业人员的培训力度。截至目前已培训旅游从业人员70余万人,金融、财会等数万个专业从业人员,为外资企业对接古巴市场提供便利。面对因社会原有价值观变化导致的治安问题,古巴政府加大投入,整治秩序,打击犯罪,为外国投资者营造良好社会治安环境。古巴主流媒体也加强正面宣介,深入分析外国投资对古巴经济增长、增加就业的积极意义。此外,古巴还加大对外宣传力度,每年发布投资目录,并在全球多地举行投资推介会。

近年来,古巴以"不急也不停"的理念为指导,按照"小步慢走,循序渐进,收放自如"原则推进构建公平、多元的对外开放格局,取得了一定成绩,外国承诺投资额由 2011 年的 11 亿美元上升至 2017 年的约 20 亿美元。一些外国企业看好古巴的区位优势和发展潜力,提前在古巴布局。

马里埃尔发展特区建立 5 年多来,其作为古巴吸引外资重要平台的地位日渐巩固。特区发展速度虽未达期望峰值,但目前已有包括古巴在内的 21 个国家的 52 家企业进驻,涉及工业、生物制药、食品、物流、交通、房地产等领域共 19 个项目处于实施阶段,吸引外资总额达 24 亿美元,创造就业岗位 7 946 个。

2019 年 5 月,美国宣布实施一系列制裁古巴的新措施,有媒体报道称,美国对古巴制裁对吸引外资已造成较大的负面影响。自 2017 年开始,美国特朗普政府对古巴实施严厉的经济、贸易和金融封锁制裁,对古巴吸引外资造成较大负面影响。古巴经济数据公布内容有限,更新滞后且迄今未被纳入达沃斯世界经济论坛竞争力排名统计及世界银行运营商环境排名统计。

近年来,古巴经济相对稳定,每年保持小幅增长。根据古巴国家统计局公布的统计数据,2018 年古巴国内生产总值按 1997 年不变价格计算,为 570.2 亿比索,增长率为 2.2%(见表1-1)。

表 1-1　2014—2018 年古巴宏观经济指标(按 1997 年不变价格计算)

年份	2014	2015	2016	2017	2018
国内生产总值/亿比索	521.8	545.0	547.8	557.6	570.2
增长率/%	1.8	1.8	1.8	1.8	2.2
人均 GDP/古巴比索 CUP	4 649	4 849	4 874	4 961	5 091

注:资料来源于中国驻古巴大使馆经济商务处。

根据古巴国家统计局最新数据,2018 年,古巴农业、工业、贸易、交通、教育、公共健康和社会保障行业占 GDP 比重分别为 3.7%、11.4%、18.8%、10.6%、5.8%、17.1%。古巴 2018 年财政收入 576.4 亿比索,占国内生产总值的 57.6%;支出 654.9 亿比索,占国内生产总值的

65.4%;财政赤字 78.5 亿比索,占国内生产总值的 7.8%。根据古巴国家统计局公布的数据,古巴 2011 年通货膨胀率为 1.1%,此后再未公布过该数据。根据统计数据,2016 年古巴通货膨胀率为 4.5%。世界银行数据显示,2018 年古巴 GDP 平减指数为 4.14%。世界银行数据显示,2018 年古巴失业率为 2.26%。2016 年,古巴消费者价格指数为 −2.9。2018 年古巴未公布消费者价格指数。为应对美国对古巴的经济封锁和制裁,古巴延后公布其外债情况。据古巴外贸外资部数据,2016 年古巴外债约为 182 亿美元。目前,古巴举借外债不受国际货币基金组织等国际组织限制。2019 年 4 月,国际评级机构穆迪将古巴长期本、外币发行主体评级 Caa2 的展望由负面调为正面。2019 年 9 月,穆迪将古巴主权债务评级调整为 Caa2 稳定。

在古巴整个国民经济中,农业的发展比工业缓慢,农业各部门之间的发展也不平衡,甘蔗单一作物制的农业结构变化不大。古巴种植业分为经济作物和粮食作物两大类。经济作物有甘蔗、烟草、酸性水果、咖啡等。粮食作物有稻谷、玉米、豆类、薯类等。粮食作物中稻谷生产占首要地位,其次是玉米。块茎作物是古巴人的主食之一,其中包括马铃薯、甘薯、木薯、芋头等。甘蔗是古巴最重要的经济作物。20 世纪 70 年代,蔗糖产量在高峰时曾达到年产量 800 多万 t,但因 2003 年和 2004 年先后关停了近 70 家糖厂,蔗田种植面积也大幅缩减了 60%。据古巴官方媒体报道,2015—2016 年榨糖季,原糖产量同比减产 19%(产量约15.3 万 t);2016—2017 年榨糖季古巴产糖量为 180 万 t,比预期少 30 万 t。因受 2017 年伊尔玛飓风的重创,2017—2018 年榨糖季生产没有实现目标产量。2019 年 5 月,古巴糖业集团总裁胡里奥·加西亚表示,受古巴多地降水较往年偏多、收割机长时间工作导致故障频发等不利因素影响,古巴本榨糖季甘蔗收割进展偏缓。

近年来,古巴咖啡产业规模急速缩减,年产量从 6 万 t 降至 2007 年的 6 000 t,种植面积从 1961 年的 17 万 hm² 缩减至 2011 年的 2.7 万hm²。古巴从曾经的咖啡出口国沦为进口国。近年来,古巴政府采取了一系列刺激措施鼓励恢复生产力,包括提高给咖啡种植者的报酬等,咖啡产量下降的趋势已得到扭转。

近年来,旅游业成为古巴重点发展的行业和主要创汇产业之一,并取得了持续的增长。尽管遭受了伊尔玛飓风袭击及美国对古巴政策收紧等不利因素的干扰,2017 年,赴古巴外国游客达 470 万人次,同上一年相比增长 5.3%。2018 年,赴古巴外国游客达 495 万人次,同比增长 5.3%。2017 年加拿大继续保持古巴第一大游客输出国地位,而美国游客输出量跃居第二位,占古巴国际游客总量的 23%。2017 年赴古巴旅行的美国公民人数达 61.95 万,同比增长 217.4%;同年在美国的古巴侨民对古巴访问人数达 45.39 万,同比增长 137.8%。总体而言,2017 年源自美国的赴古巴人数达 117.3 万人次,较 2016 年增加 191%。但 2017 年 11 月,美国政府出台新政策阻止美国公民赴古巴自由行。此外,美国国务院发布的国外旅游风险指南将古巴评为"慎重考虑是否前往"的三级。来自传统旅游输出国如法国、意大利、俄罗斯、西班牙、阿根廷和巴西的游客量亦均有提升。尽管美国相关政策对古巴旅游业发展不利,古巴旅游部仍采用其他办法尽力保持增长势头。

　　古巴是世界排名第六的镍生产国。镍矿收入是古巴除旅游业之外最主要的外汇收入之一,在国民经济中占有举足轻重的地位。2009 年的镍产量为 7.01 万 t。2009 年以来,国际市场镍价大幅下降,由 2008 年每吨最高 5.42 万美元下降到 2014 年 2 月每吨 1.37 万美元,造成古巴镍矿出口创汇大幅减少。2010—2013 年,镍矿出口金额分别为 12.07 亿美元、14.80 亿美元、10.82 亿美元和 7.96 亿美元。古巴镍业集团(Grupo Empresarial Cubaniquel)是古巴唯一经营镍矿的国有公司。

　　古巴民族主要由西班牙人的后裔即克里奥尔人、非洲人及其后裔、混血人种组成,并构成古巴人口的基础。其中白人占 64.1%,黑人占 9.3%,混血人种占 26.6%(主要为黑白混血)。古巴为拉美地区人口老龄化最严重的国家,人口平均预期寿命为 78.73 岁,老龄人口比例已超过总人口的 19.4%。预计到 2030 年,这一比例将进一步上升至 30%。

　　古巴长期以来实行社会主义政治制度,政局稳定。2006 年 7 月 31 日,菲德尔·卡斯特罗·鲁斯因病将党政军职权移交胞弟劳尔·卡斯特罗·鲁斯临时代理。2008 年 2 月 24 日,在第七届全国人大会议上,

劳尔·卡斯特罗·鲁斯正式当选为国务委员会主席并兼任部长会议主席。在2013年2月24日召开的第八届全国人大会议上,劳尔·卡斯特罗·鲁斯主席获得连任,任期5年。2018年4月19日,古巴第九届全国人大会议上,劳尔·卡斯特罗·鲁斯主席卸任国家领导人职务,迪亚斯·卡内尔·贝穆德斯当选新的国务委员会主席兼部长会议主席。2019年10月,根据新《宪法》,古巴选举产生了古巴国家主席、副主席及全国人大主席兼国务委员会(根据新《宪法》,国务委员会调整为仅从属于全国人大的常设机构)主席、全国人大副主席兼国务委员会副主席等主要领导成员。迪亚斯·卡内尔、巴尔德斯分别当选国家主席和副主席,现任全国人民政权代表大会主席拉索、副主席马查多分别当选全国人大主席兼国务委员会主席、全国人大副主席兼国务委员会副主席。12月21日,古巴第九届全国人大第四次会议根据国家主席迪亚斯·卡内尔的提名,决定任命原古巴旅游部长马雷罗为该国43年来首位总理。同时,还任命了拉米罗·巴尔德斯等6位副总理和27位部长会议成员(其中21人留任,新任6人)。

古巴现行《宪法》于1976年2月通过。《宪法》规定,古巴是主权独立的社会主义国家,是一个民主、统一的共和国,由全体劳动者组成,谋求政治自由、社会公正、个人和集体利益及人民团结。1992年7月,第三届全国人民政权代表大会第十一次会议通过《宪法修正案》,把马蒂思想与马列主义并列作为党的指导思想。2002年6月,又通过《宪法修正案》,重申社会主义制度不可更改。2018年7月,古巴的全国人民政权代表大会通过新《宪法草案》,2019年2月24日古巴举行新《宪法》公投,2019年4月10日,古巴共产党中央委员会第一书记劳尔·卡斯特罗·鲁斯在第九届全国人民政权代表大会第二次特别会议上宣布根据公投结果新《宪法》正式生效,新《宪法》强调古巴社会主义制度不可更改、古巴共产党是古巴社会和国家的最高领导力量,新《宪法》对古巴的政治、经济方面作出了规定,例如将新设国家主席和总理职位,承认多种非公有制经济的合法性,提出外国投资对经济发展的重要性等。

古巴共产党(简称古共)是古巴的唯一合法政党,成立于1961年,

1965 年改用现名,现有党员约 80 万人。古共成立以来,卡斯特罗曾长期担任第一书记。现任古共中央第一书记为劳尔·卡斯特罗·鲁斯,何塞·马查多出任第二书记。《宪法》规定,古巴共产党是马蒂思想和马列主义先锋组织,是古巴社会和国家的领导力量。2011 年 4 月,古共第六次代表大会通过《党和革命经济社会政策纲要》,并选出由 115 人组成的中央委员会和 15 人组成的政治局。2016 年 4 月,古共召开第七次代表大会,选出由 115 人组成的中央委员会,政治局则扩大到 17 人,劳尔连任古共中央第一书记,马查多连任第二书记。

第三节　基础设施

古巴基础设施建设较为落后。2006 年以来,古巴政府加大在交通领域的投资,对基础设施进行修复和改造。

一、交通

公路交通是古巴主要的交通方式,现有公路总长 6 万 km。主要公路系统是连接全国各大城市的中央公路,西起比那尔德里奥,经哈瓦那东至圣地亚哥,全长 1 143 km。2018 年,公路客运总数 12.68 亿人次,公路货运总量 4 182.5 万 t,占全部货运量的 65.7%。

至 2018 年底,古巴全国铁路网总长 8 367 km,其中 98% 为标准轨道,电气化铁路 124 km。客运列车平均时速 27 km,始发准点率 84%,到站准点率 73%。货运列车平均时速 21 km。2014 年 6 月底,连接哈瓦那和马里埃尔发展特区的铁路复线一期工程建设完毕,总长 130 km,承担往返两地的客货运服务。2018 年,铁路客运总数 610 万人次,铁路货运总量 1 285.6 万 t,占全部货运量的 20.2%。

近年来古巴加大铁路运输业的发展力度,制订了面向 2028 年的铁路运输发展计划,其中包括恢复铁路运力、维修及新建站点,以及利用俄、法两国融资兴建俄罗斯机车现代化厂房等。2016—2018 年,古巴共采购火车车厢约 700 节。2019 年 5 月,中国进出口银行提供买方信贷支持的首批 80 辆中国铁路客车运抵古巴。2019 年 7 月,客车正式

投入运行,古巴铁路联盟主席爱德华多·埃尔南德斯在火车站接受记者采访时表示,"这些中国车辆投入使用,为古巴近年来推动的铁路系统现代化改造提供了重要保障。"

古巴共有国际机场 10 个,国内机场 15 个。2018 年,航空客运总数 60 万人次,航空货运总量 8 900 t。

目前,从中国出发可经多个国家前往古巴。一般来说,可按照以下航线出行:北京—巴黎—哈瓦那(如只在机场中转,无须申请申根签证);北京—马德里—哈瓦那(如只在机场中转,无须申请申根签证);北京—阿姆斯特丹—哈瓦那(如只在机场中转不超过 24 h,无须申请申根签证);北京—莫斯科—哈瓦那(如只在机场中转,无须申请俄罗斯签证);北京—多伦多—哈瓦那(中转需过境签);北京—蒙特利尔—哈瓦那(中转需过境签);上海/杭州—巴黎—哈瓦那;上海—阿姆斯特丹—哈瓦那;成都—阿姆斯特丹—哈瓦那;广州—阿姆斯特丹—哈瓦那;广州—巴黎—哈瓦那;广州—墨西哥城—哈瓦那等。

古巴对外贸易主要靠海上运输。古巴共有 33 个贸易港口,其中主要包括哈瓦那、圣地亚哥、努埃维塔斯、西恩富戈斯、马坦萨斯、马里埃尔、关塔那摩等较大的港口。

2018 年,古巴水运货物总量为 892.6 万 t,占全部货运量的 14.0%。

2014 年古巴马里埃尔港集装箱码头一期建设项目完工,目前港口年吞吐量达 82.2 万个标准箱,正致力于建设成为中美及加勒比地区主要的物流和转运中心。除了承担国内集装箱业务,马里埃尔港还开始从事船到船的小规模转运业务。目前,码头内已建成 600 m 长、包括 4 条轨道的铁路货场,实现了集装箱与国内铁路网线的联通,有力促进了客运、货运的发展。港口疏浚工程仍在继续,未来可接纳巴拿马级甚至后巴拿马级的集装箱货船。将来,码头长度将延展至 2 400 m,年吞吐能力可增至 300 万个标准箱,足够承担本地区的转运业务。哈瓦那港现仅保留客运旅游港的职能。

二、通信

截至 2018 年底,古巴固定电话线路总量为 152.6 万门,其中程控电话线路 151.7 门。住宅电话装机 107.7 万部,电话普及率为每百人 47.4 部。与世界上固定电话渐少的趋势不同,古巴仍将保持一个审慎的增长态势。古巴普通居民家庭电话装机费为 60 古巴比索,电话费为 0.02~0.03 古巴比索/分钟(日、夜间话费有所不同);商业和国有机构固定电话装机费 100 古巴比索,话费为 0.14~0.20 古巴比索/分钟;可兑换比索用户(指在古巴的外国人和外资企业)固话装机费 150 可兑换比索,话费为 0.053~0.080 可兑换比索/分钟。

目前古巴移动网络仍在建设中,手机信号已覆盖全国 75.3% 的面积和 85.4% 的人口。据古巴国有电信公司最新数据,截至 2019 年 1 月底,古巴移动电话实际使用用户量已达 550 万户。2018 年 12 月 6 日,古巴电信公司面向国内所有手机用户开通移动互联网服务,古巴民众开始可以使用移动数据上网。

近年来,古巴政府积极开展互联网建设。目前,古巴民众主要通过全国约 1 800 处公共无线网络热点和在网吧上网,约 6 万个家庭已在家中接通互联网服务。

2018 年古巴互联网用户达 654.6 万人,每千人拥有计算机数为 126 台。

2014 年 11 月 10 日,古巴通信部发布第 593/2014 号部令,允许古巴自然人最多可拥有 3 个手机号。2015 年 3 月 11 日,古巴与美国间的长途电话实现直通,不需再经转第三国。2015 年 3 月 28 日,古巴通信部颁布第 31 号部令,下调国际长途电话资费。居民住宅固定电话及公用电话,拨打任意国家长途电话,每分钟收费 1 可兑换比索(CUC)。预付费手机拨打北美、中美和南美洲国家(委内瑞拉除外),每分钟 1.10 CUC;拨打委内瑞拉每分钟 1.00 CUC;其他国家每分钟 1.20 CUC。目前,法人机构固定电话、后付费手机拨打中国的资费为每分钟 5.85 美元,本地接听均免费。自 2017 年 3 月,古巴电信公司开始向其移动用户推出通信资费下调的"朋友计划"。申请用户可在每月支付

少量套餐费后享受以下优惠:通话非繁忙时段(23:00 至次日 6:59)每分钟通话资费可降至 0.1 CUC,而通话繁忙时段(7:00 至 22:59)话费为 0.2 CUC/分钟。从 2017 年 12 月 8 日开始,古巴手机用户可直接向美国任何一部手机发送国际短信,资费标准与发往其他国家相同,为 0.6 CUC/条。

古巴 1996 年开始提供互联网接入服务。目前,国际通信仍主要依靠卫星传输,费用极其昂贵。开通上网服务仍需获得政府审批,且仅向法人机构和在古巴长期居留的外国人提供网络接入服务。临时来古巴的外国人一般在涉外酒店上网。目前,科研人员、教授等专业人士住宅可申请互联网服务,普通居民住宅申请互联网服务试点工作正在开展。

自 2013 年 1 月 10 日起,古巴启动了连接委内瑞拉、古巴和牙买加三国的海底光缆接入因特网的调试工作。2016 年,为满足 500 万新增用户的需求,ETECSA 公司建立了 108 个通信基站。2017 年,该公司计划增加 14 个全球移动通信系统(GSM)基站,并通过建立 99 个 3G 移动基站(Node B)着力推动 3G 业务。2017 年 4 月 26 日,Google 在古巴架设的全球服务器开始运转,这将缩短古巴用户访问 Google 搜索引擎所需时间,并提升其网络能力。

据古巴通信部最新数据,截至 2017 年底,古巴全国网吧数量已达 650 个;公共区域设 WiFi 热点 500 个,家庭网络安装量 1 万户。2018 年,古巴全国共设 935 个 ATM 自助柜员机,实际使用银行卡 600 余万张,POS 机刷卡点 1.3 万个;网民数量达 654 万;数字电视覆盖率达 70%。

2018 年底开始,古巴电信营业商开通手机流量上网业务,古巴本地手机用户可办理 3G/4G 上网流量套餐。外国游客临时来古巴也可办理当地临时手机卡进行流量上网。

古巴互联网费用一直处于下调进程中。2017 年,宽带安装费用下调至 50 CUC,128 KB 带宽的月租费调整为 110 CUC。256 KB 和 512 KB 的月租费分别降为 180 CUC 和 280 CUC。但与其他国家相比仍非常昂贵。2016 年,古巴有 115 万名电脑用户,其中 62.8 万名用户可接入网络。古巴信息技术起步晚,但政府将发展互联网列为国家的优先战略,近几年古巴网络普及率增速世界领先,2016 年增幅达 346%。另据国际电信联盟统计,2017 年古巴网络普及率达 38.8%。

古巴承诺将逐步向公众提供更便利的通信服务,未来将实现居民在家中上网并推行无线上网、手机上网服务。

此外,古巴在电子商务方面亦已启动发展步伐。2016 年以来,古巴试行了网上支付项目,开始在电信缴费、超市和商店购物中采用电子支付模式,但目前尚未普及。

三、电力

通过近年来的不断努力,古巴发电量已能基本满足本国经济活动和居民生活用电的需要,但还存在部分输电线路老化的问题。

2016 年,古巴共发电 2 045.86 万 MW·h,电力消耗共 1 518.24 万 MW·h,国有行业共用电 608.58 万 MW·h,占总发电量的 40%;居民用电 879.21 万 MW·h,占总发电量的 57.9%。2018 年 12 月 14 日,随着古巴偏远地区最后 1.7 万余户家庭通电,古巴已实现全国电力服务全覆盖。目前,古巴居民家庭通电率已达 99.6%,但电网设备老旧,耗能较高,一部分电力在输送过程中损耗掉,致使部分地区仍旧存在电力不足、时常断电的情况。

近几年,古巴大力发展新能源产业以实现能源自给。古巴共需 40 亿美元来发展可再生能源,目前古巴政府已通过银行贷款和吸引外商投资获得了一半的融资,并且批准了至 2030 年新能源发电达到总发电量 1/4 的发展计划。据官方数据,生物质发电是古巴利用可再生能源的主要方式,其发电量占总发电量的约 3.7%。古巴是产糖大国,甘蔗种植面积广,蔗渣资源丰富,国内多家糖厂已在利用甘蔗渣、麻风树(Marabú)等生物质发电,古巴生物质发电装机容量达 469.2 MW,但设备技术落后,很多锅炉为低压力锅炉,发电效率低,导致生物质发电总量不高,2017 年只发电 730 亿 W·h。目前,古巴正在建设西罗·雷东多等 3 座专业生物质发电站,这批新的发电站将利用中国等国技术,提高生物质发电生产效率。根据古巴政府相关规划,到 2027 年,古巴将建成 25 座甘蔗渣发电站,装机容量达 872 MW。

古巴目前已建成 40 座光伏电站,装机总量约 87.5 MW,每年可发电 60.9 GW·h。根据古巴国家统计办公室公布数据,古巴全国共有 162 个水电站,装机容量共 71.9 MW,2017 年发电量为 83 GW·h。古巴水电站多为小型或迷你电站,其中 34 个并网运行,128 个离网运行。输电能力方面,古巴目前建有 24 座 220 kV 变电站、144 座 110 kV 变电站、3 086 km 220 kV 输电线路、4 648 km 110 kV 输电线路、11 422 km 34.5 kV 输电线路和 42 418 km 其他电压等级输电线路。

四、基础设施发展规划

古巴负责基础设施建设的主要政府部门有建设部、交通部、旅游部。建设部负责管理、设计、施工、建筑材料分配等,同时批准施工许可;交通部、旅游部对各自行业分管的基础设施建设项目负责。2019 年古巴在基础设施发展方面的重要计划有:恢复 2019 年 1 月哈瓦那龙卷风中受损的基础设施和旅游设施;加强马里埃尔特区基础设施建设;发展可再生能源;国家电力系统维护;继续扩大食品和燃料等物资的仓储能力;恢复并加大铁路运力;改善客运服务;开发圣地亚哥港口;优化水利设施;恢复与建设哈瓦那、巴拉德罗、北部岛屿和奥尔金旅游设施等。目前,外资参与的古巴基础设施合作的模式有 PPP 和 EPC+F 等。

第四节 地质工作回顾及现状

我们已知的古巴地质图测绘工作,可追溯到 1883 年,由西班牙矿山工程师曼努埃尔·费尔南德斯(Manuel Fernández)绘制的古巴岛 1:200 万地质地貌,这构成了 19 世纪地质制图学的卓越成就。

在 20 世纪上半叶,即所谓的革命前阶段,古巴进行了大量的地质工作,主要是由外国地质学家(北美人、荷兰人、德国人、瑞士人、意大利人等)完成的,形成了不同地区和不同尺度的相应地质图成果。唯一得到官方承认的为 1:100 万比例尺的古巴地质素描图,由当时的农业部林业和矿山技术委员会(Technical Commission of Forestry and Mines of the Ministry of Agriculture)编辑出版。

自 1959 年古巴革命取得胜利以来,该国在这方面取得了长足的发展。本区 1∶100 万比例尺地质图由古巴矿物研究所(ICRM)1962 年编制,1989 年和 2014 年由古巴地质学和古生物研究所(IGP)修订;1∶50 万地质图(见图 1-1)1985 年由古巴地质调查中心(CIG)编制;1∶25 万地质图 1989 年由 IGP 编制,并在 2016 年出版 1∶10 万数字格式地质图,覆盖古巴全境。

　　20 世纪 60 年代,古巴开始进行 1∶5 万和 1∶10 万尺度的地质调查,对最具前景的详细尺度(1∶25 000 和 1∶10 000)进行同步工作。在 1961—1982 年,进行了近 17 项调查。

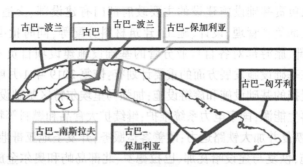

图 1-1　古巴 1∶25 万地质工作程度分区图
(社会主义国家科学院,1988 年)

　　20 世纪 70 年代末到 90 年代中期,在与经济互助委员会(CAME)在地质和采矿领域的合作协议的框架下,进行了最后一次有条件的地质调查。“经济互助委员会地质图计划”在 1∶5 万范围内覆盖了大约 38%的国家领土,在 1∶10 万范围内覆盖了 17%,作为一个整体覆盖了大约 55%的国土。

　　这些调查是在寻找地表和浅层矿床的最具前瞻性的地区进行的。然而,苏联和社会主义阵营的消失,以及古巴产生的这一历史事件造成的深刻经济危机导致所有工作中断,没有覆盖许多计划区域。

　　直到 1959 年,国家领土(海洋沿海地区)淹没区的地质调查才被最小化和分散性开展。在试验、勘探和地质制图工作之后,促进了各种经济领域的发展,获得了这些领域的大量信息。在这里,古巴科学院

（ACC）、建设部（MICONS）、基础工业部（MINBAS）和革命武装部队（FAR）等机构参与了苏联和社会主义阵营学术机构的合作。

在不同的系列出版物中报告了在国家领土方面开展的一些工作；其余的，经过多次其他调查，记录在许多档案报告中。所有这些或其中大多数都反映在地图上，包括1：50万比例的古巴共和国地质图和1：10万比例的古巴数字地质图。这些是"海洋沿海地区研究项目"分析的主题，该研究是为1：5万比例的古巴地质图计划编写的，称为"卡塔赫尔1：5万地质图子项目"（Cartageol 50 K subprogram）。

在古巴整个历史上的地质测绘工作中，除了古巴人，还有超过15个国家的地理学家。在革命前阶段，包含了美国、保加利亚、捷克斯洛伐克、匈牙利、德意志民主共和国、波兰和北美、荷兰以及其他代表不同石油公司的地质学家和地理学家。

第五节 地质矿产调查机构

古巴的地质矿产调查机构为能源和矿产部（Ministerio de Energfay Minas），古巴政府为促进能源、地质及矿产行业的可持续和有支撑的发展于2012年底新成立的。

完善中央行政部门管理，建立与时俱进的政府架构，是促使古巴设立能源和矿产部的主要因素。2012年9月，古巴国务委员会批准了关于"撤销基础工业部，设立能源和矿产部"的第301号法令。能源和矿产部将关注环境友好型发展，通过合理利用资源的政策确保能源安全和国家经济社会的进步。

新设立的能源和矿产部仅仅负责国家行政管理职能，而古巴石油公司、电力联盟、地矿盐业集团和镍业集团作为该系统的组成部分负责各自企业的管理。

第二章　区域地质概况

第一节　区域地层

一、前寒武系:由断层引起的变质岩基底

1977年,在比亚克拉拉省(Villa Clara)谢拉莫雷纳(Sierra Morena)西南的索科罗(Socorro)和科拉利洛(Corralillo)镇,首次发现了前寒武纪的岩石样本。这些调查后来被 Renne 等进一步研究。它是一种金云母大理岩,通过钾-氩法测定样本年龄分别为(945±2.5)百万年和(910±250)百万年。它们也出现在马坦萨斯省(Matanzas)北部的拉特贾(La Teja)镇。

二、上三叠统-上侏罗统牛津阶:裂谷沉积

它们是古巴迄今为止最古老的沉积岩。在上三叠统和上侏罗统下部,由于新生的开放期,在陆相到三角洲环境中形成了控制陆源沉积的半地堑盆地。原始盆地开始与海洋相连,这可以从其发育后期的浅海灰岩推断出来。古巴西部最著名的一组砂质黏土陆源岩石归入圣卡耶塔诺(San Cayetano)组,其沉积物来自硅铝性质的物质。

同时,在超泛大陆上有一个较大的沉积区,分为多个较小的洼地。陆源物质从超泛大陆的不同部分沉积,这可以解释在尤文图岛、瓜穆哈亚山区、尼亚科山脉和在关塔那摩佛得角山脉和古地理相关的一些岩石单元的表层变化。此外,我们还可以区分一个通常被称为"晚期漂流"的阶段,作为向漂移事件的过渡。这个过渡地层单元是卡斯特利亚诺斯、弗朗西斯科和康斯坦西亚(Castellanos,Francisco and Constancia)地层(牛津阶-钦莫利阶的下部)。另外,在阿维拉省北部和邻近

的区域有蒸发沉积。在早侏罗世和牛津期,在一个很大的地区,形成了起源于美国密歇根盆地和墨西哥东南部的盐沉积盆地。在古巴中部,蓬阿雷格里(Punta Alegre)和"库纳瓜盐"(Cunagua Salt)地层是存在的,它们通过石油钻探岩芯被记录下来。

三、下侏罗统:圣卡耶塔诺(San Cayetano Formation)组

圣卡耶塔诺组于1918年以卡耶塔诺组的名字命名。它分布在拉埃斯佩兰萨、洛斯奥尔根诺斯和罗萨里奥山脉(La Esperanza, Los Órganos and Sierra del Rosario)构造带。位于北美大陆边缘岩石下面的地层数据,如石油钻探数据及它们的覆盖物,或者位于构造带上的岩层证实了这一点。

它们分布区域很广,分为圣卡耶塔诺组上部(对应卡斯特利亚诺斯山)和下部(或单元a)瓜尼瓜尼科山脉的洛斯奥诺斯山。它在罗萨里奥山脉有很小部分的出露。在古巴1:50万地质图上,这个单元沿着东北-西南方向广泛分布在洛斯奥戈诺斯山脉,只有在这项工作中,在之前被划定为圣卡耶塔诺组的区域中,有一部分从地质上被圈定为卡斯特拉诺斯(Castellanos)组,对应于该地层间隔中最年轻的沉积物。它们只被描述在比那尔德里奥省的最西部地区,而罗萨里奥地区的沉积物尚未分化,但可能与这个地层相对应。在拉埃斯佩兰萨(La Esperanza)构造带,圣卡耶塔诺组地层在洛斯阿罗伊奥斯的曼图亚到埃斯佩兰萨港(Los Arroyos de Mantua to Puerto Esperanza)的数个石油钻孔中有存在。这个地层单元经常有褶皱,有时会有翻转褶皱。

一般来说,只能识别圣卡耶塔诺组的不同覆盖物或构造尺度,而不能按年龄来区分地层。那里的覆盖物包括薄层的粉砂岩(60%~70%)、片状粉砂岩和深灰色到黑色的粉砂岩(烧焦和黄铁矿化状的)。该组地层通常以细颗粒的石英砂岩、分散绿色的浅灰色长石石英砂岩、炭质灰质黏土、薄层的绿色粉砂岩、红褐色粉砂岩(风化)等存在。

其他覆盖物,以砂岩为主(60%),白黄色石英砂岩、中细粒粉砂岩、层状砂岩粉砂岩交互,发现了一些石英、微石英岩、砾岩和粗粒石英砂岩。记录的地区有紫片岩、紫色和深灰色粉砂岩、千枚岩、细粒砂岩

和灰绿色云母钙质砂岩,还有烧焦的植物遗迹。与这些构造覆盖物相比,还有其他砂岩广泛分布(90%~95%)。这些是白色的石英长石,绿色、紫色粉砂岩和细石英砾岩散布着。在地层单元的上部,开始确定有微生物和碎屑碳质层、钙质砂岩和碳质页岩。在钙质砂岩和碳酸盐岩中,已发现了腕足类和软足类。该地层的附属矿物有黄铁矿、黄铜矿、磁铁矿、赤铁矿、辉锌石、锆石、菱形辉石、黑云母、钛铁矿、亮氧烯、辉石、黄珊石、铬铁矿、石榴石、尖晶石、金红石、磷灰石和电气石。上述证据证明了被侵蚀的岩石是酸性的,如:花岗岩、片麻岩、岩浆岩和变质岩。通过研究来自北部比那尔德里奥的岩芯,圣卡耶塔诺组的岩性组成定义为硅质岩,无一例外,细粒和中粒的石质砂岩很少为粗粒,随着基质/颗粒比的增长,从砂岩转变为碎石。还包括频繁减少的石英质粉砂岩和泥质岩,大量的复理岩同样占据重要位置。它的范围从黏土岩到泥质岩和动力变质状片岩。通常,它们含有粉质石英部分,能够过渡到粉砂泥质岩。它们含有较高的有机质,从宏观上看,它们依炭质外观和污迹来识别。

关于合成谷基底的年龄,目前还没有确切的数据。大多数研究人员指出了下侏罗世或晚三叠纪,由于缺乏古生物学数据,没有进一步的细节。基于罗哈斯阿格拉蒙特(Rojas Agramonte)的圣卡耶塔诺组砂岩中的锆石放射学研究 U-Pb(铀铅敏感高分辨率离子微探针),提出了几个贡献的来源,岩石的年龄不比泥盆纪年轻,可能来自在泛大陆分离之前哥伦比亚和委内瑞拉的山区,以及墨西哥的尤卡坦半岛。

四、中侏罗统卡洛夫阶-上侏罗统钦莫利阶

以前,晚侏罗纪通常被当作一个漂移事件的过渡时期。在比那尔德里奥北部,这些沉积属于卡斯特利亚诺斯和弗朗西斯科(Castellanos and Francisco)组。哈瓦那省北部的马雅贝克、马坦萨斯(古巴西北部港口城市)和古巴中部,康斯坦西亚组地层均有出露。

有地质和地球物理资料显示,在卡洛夫阶和牛津阶之间,在同步漂流阶段和漂移阶段之间,海洋占据了在原加勒比海和原墨西哥湾古地理位置的漂移事件开始时所创造的一些空间。

五、中侏罗统卡洛夫阶-上侏罗统牛津阶

卡洛夫阶-牛津阶的说法是在1980年提出的。它包括比那尔德里奥省西北部的一条地带,绘制于1981～1988年。该单元与圣卡耶塔诺组的某些部分有很强的相似之处,但具有区分它的属性。它们是含有更细的颗粒、更多的黏土和碳化物、高碳含量的岩石。在砂岩中,以黏土和碳酸盐黏土元素含量高的石英长石泥砂岩和粉砂岩为主。共区分了四个子岩层:第一组地层为白色石英砂岩、砾岩、沉积角砾岩、碳质粉砂岩、碳质片岩,最后是碳质石灰岩;第二组地层为粉砂岩、砂岩粉砂岩、石英砂岩、细粒长石石英岩、低碳质黏土片岩和碳质石灰岩;第三组地层主要由砂岩粉砂岩、粉砂岩和下部的粉砂岩组成,中部为碳质粉砂岩、片岩和石灰岩互生,在最上部,以碳质石灰岩、片岩和粉砂岩结束,以石灰岩为主;第四组地层为细中砂岩、石英砂岩、碳质钙质片岩、泥质岩和碳质石灰岩(高达20%)。

六、上侏罗统弗朗西斯科组中牛津阶上部-上牛津阶下部

根据目前的研究水平,弗朗西斯科组只在罗萨里奥山脉被发现。以前,它被描述为圣卡耶塔诺和阿特米萨(Artemisa)组之间的过渡。岩性上,由泥质岩和粉砂岩、黏土片岩、白云岩质和钙质含石英质砂岩的互层组成。偶尔在页岩中有钙质结核,类似情况在哈瓜(Jagua)组中有发现。这些沉积物中含有一些菊石、稀有的多足类动物、鱼类遗骸和植物遗骸。最终,球毛纲的孢子出现。菊石表示牛津阶中部的上部,也可能是牛津上部的下部。本组的厚度不超过25 m。它与古巴中部的康士坦西亚组及哈瓦那北部、玛雅比克和马坦扎斯(Havana, Mayabeque and Matanzas)的地层相似。

七、上侏罗统康斯坦西亚组牛津阶-钦莫利阶下部

它在比亚克拉拉省科拉利洛(Corralillo)地区的谢拉莫雷纳山脉的东北和西南斜坡上延伸,形成了狭窄的条带。出露在卡马胡亚尼(Camajuaní)地区圣达组地层,以及比亚克拉拉省西北的洛马德圣克鲁

斯（Loma de Santa Cruz）的南坡。康斯坦西亚组出露在萨巴纳纽瓦（Sabana Nueva）山北坡的一条狭长的地带。值得注意的露头出现在从旧的康斯坦西亚中部到恩克里加达南部的地区，那里有一个标准地层剖面和一个辅助地层剖面。

自1969年以来，在古巴西北碳氢化合物带（NBHC）发现了一些石油和天然气矿床，从瓜纳博地区到瓦拉德罗（Guanabo to Varadero）地区的许多井中都发现了这个岩石地层单元。用钻孔岩芯和洗涤样对它们的岩石进行了研究。通过这种方式，积累了数百个切片的描述，也有通过地球物理（FMI，图表和其他）和地球化学方法得到的材料。

康斯坦西亚组地层岩性被描述为含黏土岩的石英砂岩。基本矿物（石英和长石）及其他物质（硅质岩、白云石、锆石）的构成，类似于圣卡耶塔诺地层的供应来源。这两种情况，至少有两个周期的沉积从硅铝质地块解体。例如，在泛大陆、超大陆的古地理时期，接近晚期大陆边缘的条件，当时特提斯洋与太平洋交流，而冈瓦纳西部被劳亚古大陆分开。沉积环境为内浅岩，深度50~100 m，受大陆影响。

这一组的上限与锡丰特斯（Cifuentes）组晚钦莫利期相一致。许多牛津期和晚钦莫利期时代的孢子形态被描述为化石。

古环境范围从大陆到中等浅海，最年轻的部分约为100 m。在哈瓦那-马坦萨斯北部的沉积物中，有一种变化，从内部的浅海，到非常接近的海岸，到中等至外部的浅海。记录这些沉积物的井包括瓦拉德罗（Varadero）23号、31号、101号、201号，马贝拉马尔（Marbella Mar）1号、2号，丘比特（Cupey）1-X号、LPC1号、LPN1号和滨海佩德拉普伦（Litoral Pedraplén）21号。平均厚度达到200 m左右。

八、古近系

在古巴的地质构成中，古近系地层在各个地区都有广泛的分布，并且相当厚。它们形成的基底各不相同：北美大陆边缘古地理域的不同构造地质单元，白垩纪火山弧古地理域和海洋裂谷古地理域的岩石。它们形成超大的基底部分。在东南地区，描述了图尔基诺（Turquino）火山弧（古生代火山弧）。在塞拉梅斯特拉（Sierra Maestra），出现了大量的火山、火山沉积和火山碎屑岩,由不同的侵入岩切割而成。这种火山活动的印记在遥远的卡马圭省的昆卡-阿曼西奥罗德里格斯(Cuenca de Vertientes-Amancio Rodriguez)和古巴中部的萨萨组(也被叫作比贾博组)地层被观察到。

(一)北美大陆边缘古地理域的古近系发育

马纳卡斯和安康组(Manacas and Ancón)已经在埃斯佩兰萨和洛斯奥诺斯山脉构造地质单元被描述过。关于普拉塞塔斯构造地质单元,在维加阿尔塔(Vega Alta)组的滑动堆积被描述。萨瓜、朱马瓜和维加组在卡约可可、雷梅迪奥斯、卡马胡亚尼和科罗拉多构造地质单元也被确认。在一些地区,弗洛伦西亚、图尔盖诺、凯巴连、莱斯卡(也是埃尔雷里奥组)和塞纳多组有古近系沉积。随着时间的推移,它显示出了很大的岩性变化。在基部,硅质碎屑沉积物多于钙质沉积物,这一垂直比例变化,有利于上始新世和渐新世末期碳酸盐岩的形成。

(二)白垩纪火山弧覆盖盆地形成的古近系地层

1. 洛斯帕拉西奥斯(Los Palacios)盆地

洛斯帕拉西奥斯盆地位于关瓜伊尼科山脉的南部,拥有上白垩统、古近系和新近系的大片厚的岩石。马里埃尔群主要由马德鲁加岩和卡普德维拉组岩层组成,属于古近系。在哈瓦那省和玛雅比克省的基底,梅赛德斯或阿波洛组隐约可见。另一个单元是拥有托莱多和普林西比组的普尼弗西达德群。在这个群和卡普德维拉组洛马坎德拉组侵入。

在上始新统的上部,康苏埃洛组基本上是碳酸化性质的上渐新统瓜纳哈伊组沉积。

在古巴造山运动期间,这些岩石地层单元超过了北美大陆边缘,并与其他单元一起形成,即北部哈瓦那、玛雅比克省和马坦萨斯省的褶皱和逆冲断层带。

2. 维加斯(Vegas)盆地

维加斯盆地坐落在洛斯帕拉西奥斯盆地的东部。这里描述的是贝胡卡尔-马德鲁加-利蒙纳尔建造,位于玛雅比克省和马坦萨斯省的中部。它包括卡普德维拉、佩拉和廷加罗组及纳萨雷诺群。碳酸盐岩占主导地位,超过了陆源岩。

3. 圣多明戈(Santo Domingo)盆地

该盆地是从古新统丹尼特阶(科库斯和圣克拉拉组)到渐新统(廷加罗组和贾组)最完整和连续的盆地之一。耶拉斯、奥乔亚、达穆吉和吉科塔组也被确认。这里有钙质岩石、泥灰岩、砂岩、黏土(科库斯组),碎屑石灰岩、泥灰岩和黏土质石灰岩(圣克拉拉组),泥灰岩、黏土、黏土石灰岩和粉砂岩(廷加罗组),石灰石和有机碳酸角砾岩(贾组),石灰岩(耶拉组),黏土、含砂岩泥灰岩(奥乔亚组),石灰岩(达木吉组)及泥灰岩、粉砂岩、多云母砂岩、有机成因的灰岩和砾岩(吉科泰亚组)。

4. 西恩富戈斯(Cienfuegos)盆地

它与西恩富戈斯湾接壤,是从上白垩统到渐新统的基础的连续切割。描述了上白垩统-古近系的瓦格里亚和卡努奥组地层。瓦格里亚组地层由从上马斯特里赫特到中始新统的各种类型和大理石的碎屑化和碎屑组成。卡努奥(Caunao)组地层是砂岩和多云母砾岩,具有各种类型的富含化石的灰岩。年龄是上始新世到下渐新世。

5. 特立尼达(Trinidad)盆地

它在圣斯皮里图斯和特立尼达之间穿顶的一个独特位置。它们的物质来源与上述盆地截然不同。古近系始于中始新统的下部,一直持续到渐新统,形成了迈耶、康达多和拉斯奎瓦斯组地层。这些岩石主要是陆地岩石,主要来自埃斯卡姆布雷和白垩纪火山弧的变质岩地块。

6. 古巴中部盆地(含部分卡巴关盆地)

古巴中部盆地及其突出部分(隆起、罗什盆地或加拉塔,也称为卡巴关盆地),在大面积和地下有数百口石油井。地层包括福门托、朱西洛、塔瓜斯科、洛马伊瓜拉、西瓜尼、萨萨(也叫比贾博)、阿罗约布兰科、马罗基、钱巴斯、塔马林多和贾蒂博尼科。其中一些是天然的卵石基质(塔瓜斯科组),其他陆源地区(萨萨组)碳酸化不那么广泛(钱巴斯和贾蒂博尼科组)。

7. 文蒂斯-阿曼西奥·罗德里格斯(Vertientes-Amancio Rodriguez)盆地

古新统从文蒂斯(Vertientes)组的发育开始,为下始新统(黏土砂质岩分布)。之后,许多地层被描述为:佛罗里达(中始新统下部)岩石主要是碳酸化角砾岩、石灰岩、灰岩、泥灰岩和粉砂岩;马拉瓜(中始新统)为多云母砂岩、泥灰岩、泥砂岩、黏土岩和砾岩;萨拉玛瓜坎(中始新统)由灰岩、砂岩和粉砂岩组成;泥灰岩(上始新统)主要由各种类型的泥灰岩和灰岩形成;灰岩(上渐新统)主要是灰岩和泥灰岩。最终,在盆地中,硅质碎屑性质的岩石和碳酸化岩石占主导地位。

(三)瓜卡纳亚博湾地区-卡阿托-尼佩海湾裂谷盆地

卡阿托(Cauto)盆地是卡阿托构造单元的断陷盆地,绑定东部的所谓巴特莱特特特伦奇(Bartlett Trench)由北向南移动。在这个构造单元有三个三级的断层:安娜玛丽亚、卡托-尼佩和圣路易斯-关塔那摩(AnaMaría,CautoNipe and San Luis-Guantanamo)。其中,卡托-尼佩是最大的地区。这个单元的特点是古巴古近纪唯一有明显火山活动的单元。同时,随着造山运动,形成地堑构造的断层出现,地堑周围区域有强烈的沉积作用。

谢恩(Shein)及其合作者在他们的古巴构造地图(1985年)中认为,这个盆地是东部的一部分,它们将古巴盆地地区分为三个地区:卡奥托(Cauto)盆地、尼佩(Nipe)盆地和圣路易斯(San Luis)盆地。卡奥托盆地的南部是奥连特深大断层,北部是图纳斯(Tunas)断层。卡奥托盆地和尼佩盆地被海洋地壳的隆起隔开,被新自相沉积覆盖层覆盖,然后又被查科雷东多隆起与圣路易斯盆地分开。

九、新近系

如果看一下古巴共和国的1∶50万和1∶25万地质图,将会观察到新近系和第四系地层的广泛空间分布。它的露头丰富,在最初几米的几十口油井中出现,以碳酸盐岩和最终的陆源岩和蒸发岩为主。化石的含量非常丰富和多样化,不仅有孔虫类,介形类、软体动物、珊瑚和棘皮动物也很突出。它被分为中新统和上新统系列。岩石地层单元分为渐新统-中新统、上中新统-下中新统、上中新统-下上新统。上新统从上上新统延伸到第四系的下更新统。

(一)上渐新统至下中新统

构造运动主要以沉降为特征,隆起程度不明显。最重要的事件发生在洛斯帕拉西奥斯(Los Palacios)盆地:坎德拉里亚(Candelaria)1号井有 2 050 m 厚的中新统岩芯,而芒格斯(Mangas)的油井则超过了 1 555 m。在《古巴地层词典》(2013年,第三版)中,从东到西描述了以下地层:帕索雷亚尔、雅鲁科、哥伦布、巴瑶、拉古尼塔斯、巴古阿诺斯、卡马赞、贝蒂里、塞维利亚阿里巴、亚特拉斯、马奎伊、西林德罗和卡巴库(Paso Real, Jaruco, Colón, Banao, Lagunitas, Báguanos, Camazán, Bitirí, Sevilla Arriba, Yateras, Maquey, Cilindro and Cabacú)。碳酸盐岩占主导地位,而陆源岩的比例较小。

(二)下中新统下段至下中新统上段

它指向了珊瑚礁的大量发展、底栖化石动物群的优势,以及生物碎屑材料和黏土层的贡献巨大。因逐渐变得碳酸盐化,使得它区别于以前的陆源岩和碳酸盐岩。从西部到东部地区,描述了以下地层:吉尼斯、科吉玛、圣玛丽亚德尔罗萨里奥、阿拉博斯、洛马特里亚纳、拜蒂基里、里奥亚圭耶斯和巴斯克斯(Güines, Cojímar, Santa María del Rosario, Arabos, Loma Triana, Baitiquirí, Rio Jagüeyes and Vázquez)。吉尼斯(Güines)组是中新统分布最广泛的。

(三)上中新统上段至下上新统

在上中新世初期,东部地区几乎完全发生了抬升,卡马圭省的大部分地区,以及比那尔德里奥、阿尔特姆萨、玛雅比克和马坦萨斯省的部分地区。在大部分地区,除了尼普(Nipe),沉积发生在浅水区。从东到西识别的地层有:贝拉马尔、拉克鲁斯、曼萨尼约卡波卡鲁斯、朱卡罗、蓬塔伊米亚斯、巴拉科亚(Bellamar, La Cruz, Manzanillo Cabo Cruz, Júcaro, Punta Imías, Baracoa)。

十、第四系

古巴群岛第四系的地层研究近年来有了广泛的发展。第四系可分为上上新统–下更新统、下更新统、中更新统和上更新统。海平面的冰川变化和回归在古巴第四系沉积的进程中起着重要的作用。在海侵期,现在古巴岛的大片地区被水覆盖,沉积物被沉积,在每次回归后,受到热带近地表风蚀作用影响。

以下的地层被标识:维达多、里奥马亚、埃斯特角城、瓜恩、达蒂尔和巴亚莫(Vedado, Rio Maya, Punta del Este, Guane, Dátil and Bayamo)。维达多组由生物热性的有机成因固结的石灰岩组成。里奥马亚组也由生物群落、珊瑚、微晶石灰岩和多云母砾岩组成。埃斯特角城、瓜恩、达蒂尔和巴亚莫组主要是易碎的岩石,有些有固结。这里有砾岩、砾石、砂土和弱胶结黏土。达蒂尔组有石块和沙质卵石。巴亚莫组描述了砂、砂岩和砾岩、胶结不良的黏土。

(一)下更新统

下更新统描述了格瓦拉和卡托(Guevara and Cauto)组的构造。它们主要是易碎的沉积物。

格瓦拉组出现在比那尔德里奥省、阿尔特米萨省、玛雅比克省、马坦萨斯省、西恩富戈斯省、阿维拉省和卡马圭省等。它由易塑性黏土、砂砾、砾石和单岩碎屑组成的巨石组成。

卡托组发生在格兰马省、奥尔金省和圣地亚哥省的卡托河谷。它们被描述为具有水平和交叉分层黏土、淤泥、砂、砾石。

(二)中更新统

下列地层被认为是中更新统地层:比利亚罗哈、卡约彼德拉斯、瓜纳博和凡尔赛(Villarroja, Cayo Piedras, Guanabo and Versalles)。

比利亚罗哈(Villarroja)组分布在哈瓦那省、马坦萨斯省、西恩富戈斯省、圣斯皮里图斯省和卡马圭省,主要是砂质黏土、砂壤土、石英砂和砾石。卡约彼德拉斯(Cayo Piedras)组是生物钙质岩、石灰岩、泥质和砂质石灰岩。在哈瓦那、瓜纳博(Guanabo)组地层出现了交叉分层生物碎屑灰岩。最后,凡尔赛(Versalles)组分布在马坦萨斯省,是生物碎屑石灰岩和砂屑灰岩。

(三)上更新统

它包括以下组层:卡马乔、锡瓜内阿、牙买加、杰曼尼塔斯和普拉亚圣达菲(Camacho, Siguanea, Jamaica, Jaimanitas and Playa Santa Fe)。这些都是未结结或固结性较差的沉积物组。有时它们被认为是具有交叉分层的风成岩。

第二节　地质构造

　　古巴位于加勒比板块东北缘,是加勒比板块北缘的主要构造单元。与尤卡坦台地及巴哈马台地相邻,属大安的列斯岛弧带。古巴群岛是加勒比海北缘地质特征最为复杂的地区(Iturralde-Vinent,1994;Pessagno et al.,1999),表现在古巴各地区地层发育差异较大。Iturralde-Vinent(1994)认为古巴的地质单元可划分为两个部分:一部分是始新世晚期至今沉积的较新的原生地层,这部分地层的变形较小,没有发生太大的位移;另一部分是晚始新世以前的褶皱带(见图2-1),主要由陆相地层单元(古巴中部地区的雷梅迪奥斯、普拉塞塔斯、卡约科科等中生代台地和西北部 Guaniguanico 等地体)、中生代复杂变质体及火山-变质地层单元(白垩纪岛弧带、古巴蛇绿岩带以及古新世-中始新世岛弧带等)组成。本书将古巴划分为尤卡坦、巴哈马、中部火山岛弧及南部火山岛弧等四个地层分区(见图2-1)。其中,尤卡坦构造单元为皮纳尔(Pinar)断层以北区域,该地区以上侏罗系为基底,同时出露有中生界的陆相地层(Pessagno et al.,1999;Iturralde-Vinent,1994;Pszczólkowski,1999;Pszczólkowski and Myczynski,2010;周道华,2009);Nipe-Guacanayabo 断层以北至 Pinar 断层以南的区域为中部,中部区域根据不同的地层组合划分为中部火山岛弧构造单元和巴哈马构造单元两个部分,巴哈马构造单元与尤卡坦构造单元一样以上侏罗系为基底,但中生界以碳酸盐岩及蒸发岩为主(Iturralde-Vinent,1994);中部火山岛弧构造单元以白垩纪的火山岛弧地层为基底,发育有中生代变质复合体;南部火山岛弧构造单元为 Nipe-Guacanayabo 断层以南的区域,基底为侏罗纪火成岩,中生代地层主要为火成岩或火山碎屑岩,缺乏稳定的陆相沉积及海相沉积(Rojas-Agramonte et al.,2000;Iturralde-Vinent,1994)。

　　晚三叠世以来泛大陆解体,侏罗纪时期北美板块和南美板块逐渐分离,古加勒比海槽张开(Pindell and Barrett,1990;Pindell et al.,1988;

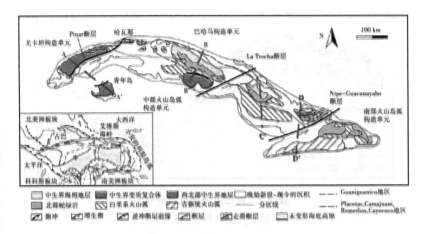

图 2-1 古巴地区地质简图

（据 Iturralde-Vinent，1994 年修改）

Pindell and Kennan，2009）。早白垩世，太平洋板块开始向美洲板块俯冲，古加勒比弧形成于太平洋板块东缘与古加勒比海槽连接处（Pindell and Kennan，2009）。白垩纪时期加勒比板块形成于太平洋地区，随着加勒比板块的逐渐扩张，古加勒比弧开始逐渐向东北方向移动（Escalona and Yang，2013；Pindell and Kennan，2009）。晚白垩世时期中美洲火山岛弧开始发育，加勒比板块与太平洋板块逐渐分离，成为一个独立的构造单元，并受到太平洋板块的挤压开始向东北方向移动。加勒比板块在东北向移动的过程中逐渐与北美板块和南美板块碰撞拼合，最终形成现今的构造样式（Pindell and Kennan，2009）。古巴群岛作为加勒比板块北缘的重要组成部分，于中生代晚期至新生代早期，受到加勒比板块与北美板块碰撞作用的影响，在这个过程中进行了拼合，逐渐形成现今的格局。

一、尤卡坦构造单元

位于古巴西北部的尤卡坦构造单元以瓜尼瓜尼科（Guaniguanico）地体为代表，发育有北古巴前陆盆地（见图 2-1、图 2-2），该盆地主体位于西北部地区，并沿古巴北部海岸线一直延伸到中部以北地区。其基

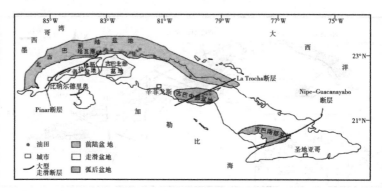

图2-2 古巴盆地类型及分布

(据李国玉和金之钧,2005年修改)

底为早中生代的硅铝质地层,最老的地层年龄可追溯至新元古代(Pszczólkowski,1999)。基底之上发育侏罗系至新近系地层。侏罗系为砂岩、泥岩、碳酸盐岩及火山碎屑岩(张发强等,2004),其中下侏罗统主要沉积了陆相硅质碎屑岩(见图2-3),Guaniguanico 地体牛津阶(Oxfordian)地层中也发现了能够指示陆相环境的脊椎动物(Iturralde-Vinent,1994),说明在早侏罗世时期该地区处于陆相的沉积环境。在古巴地区西北方向的尤卡坦台地的北部也发现有这种侏罗系的陆相沉积组合(Pessagno et al.,1999),因此可以推测在古巴西北部地区的尤卡坦台地地区发育有侏罗纪时期地层。下白垩统为碳酸盐岩和页岩,标示了浅海沉积环境,上白垩统为砾岩、碳酸盐岩、砂泥岩及侵入岩(见图2-3),显示火山活动的特征(Iturralde-Vinent,1994)。在古巴西北部地区,侏罗系-白垩系的地层组合特征,表明在地层沉积时期可能经历了一次海侵作用,并且在晚白垩纪时期发生了火山活动。上白垩统顶部-古新统顶部发育一套角砾岩(见图2-3),可能代表一次较大规模的碰撞事件。古新统发育多套砂岩和角砾岩,始新统以上的地层则主要为碳酸盐岩和砂砾岩(周道华,2009)(见图2-3),可能代表了后碰撞拉张形成的浅海环境。特别值得一提的是,在古巴地区,只有尤卡坦构造单元发育有侏罗系陆相地层,可能代表了尤卡坦构造单元和其他区域不同的起源,并且部分区域白垩纪火山岛弧地层不整合于侏罗系的陆相地层之上(见图 2-4 中 A—A′),表明碰撞作用发生于晚白垩世之后。

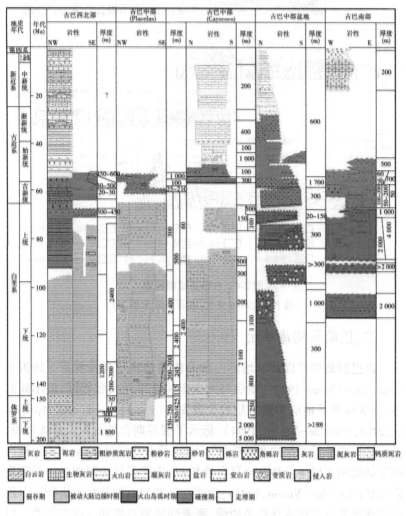

图 2-3 古巴地区地层填充序列

(资料来源于 IHS,1998a①;IHS,1998b②;周道华,2009)

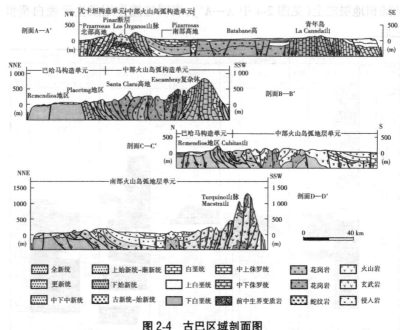

图 2-4 古巴区域剖面图

（据 IHS,1998a 修改,剖面位置见图 2-1）

二、巴哈马构造单元

古巴群岛中部以北区域的巴哈马构造单元发育侏罗系－新近系（Iturralde-Vinent,1994），基底与尤卡坦构造单元大致相同，但不同的是，该区侏罗系地层为碳酸盐岩及蒸发岩（Pszczólkowski and Myczynski,2010;Iturralde-Vinent,1994），标示了裂谷期台地沉积。具体来说，巴哈马构造单元的普拉塞塔斯（Placetas）及卡约科科（Cayo Coco）地区的下部沉积充填组合和巴哈马台地相似，侏罗系均为碳酸盐岩及蒸发岩沉积（Iturralde-Vinent,1994），表明在侏罗纪时期普拉塞塔斯及卡约科科地区发育于巴哈马台地边缘,两者同属裂谷期同一沉积体系。白垩系以碳酸盐岩为主（张发强等,2004③），与尤卡坦构造单元相比,地层中夹杂了更多的砂岩和砾岩段,显示出碳酸盐岩陆架、斜坡沉积及深水盆地环境（Iturralde-Vinent,1994）（见图 2-3）,同样表现出被动大陆边缘沉积,只是这种环境水动力更强。巴哈马构造单元古新统发育火山碎屑岩及砂砾岩为主的沉积(Rojas-Agramonte et al.,2008),显示出构造环境的变化,表明古巴中部地区在古新世进入碰撞造山阶段(见图2-3)。与尤卡坦构造单元不同的是,在古新统巴哈马构造单元出现了火山碎屑沉积,表明在古新世时期中部受到火山岛弧的影响比西北部影响更大,表明岛弧整体是沿东北方向向北美大陆推覆。始新统之上的地层为砂泥岩和碳酸盐岩,这套始新统至今的原生地层广泛分布于巴哈马构造单元、中部及南部火山岛弧构造单元,主要为碳酸盐岩和碎屑岩沉积,并且没有岩浆活动的记录,表明古巴群岛在始新世以后进入碰撞后期,构造活动趋于稳定。

除尤卡坦构造单元以外,在巴哈马构造单元和中部火山岛弧构造单元区域也有白垩纪火山岛弧出露(见图2-1、图2-4),K-Ar年龄显示其形成于晚白垩纪-早古新世,可能是早白垩世时期的残余弧(Iturralde-Vinent,1994)。中部地区的蛇绿岩带发育于中部火山岛弧构造单元和巴哈马构造单元之间(Iturralde-Vinent,1994),代表了古加勒比弧和古加勒比海槽的闭合与北美板块的碰撞拼合作用(见图2-1)。同时在部分地区发现了巴哈马构造单元上部出露有白垩系火山岛弧及蛇绿岩(见图2-4),表明在古加勒比海槽闭合后古加勒比弧被推覆至北美板块之上。

三、中部火山岛弧构造单元

古巴中部火山岛弧构造单元发育侏罗系-新近系地层(Iturralde-Vinent,1994),但和上述区域的地层组合差异较大,主要由钙质碱性玄武岩和拉斑玄武岩及火山碎屑岩组成(Iturralde-Vinent,1994)。其中古巴中部盆地白垩系为喷出岩、侏罗系为侵入岩(主要为花岗岩)及火山碎屑岩(Iturralde-Vinent,1994),说明在白垩纪时期中部地区存在火山活动。上白垩统的火山碎屑岩和页岩反映了中部地区在晚白垩世时期经历了一次海侵过程,上白垩统顶部的碳酸盐岩说明在该地区晚白垩纪曾经历一段构造活动较为稳定的时期。古新统的碎屑岩和砂砾岩不整合于上白垩系的碳酸盐岩之上,同时部分地区古新统发育有火山岩（Iturralde-Vinent,1994）（见图2-1、图2-3），表明古新世时期该区域构造活动强烈,火山岛弧北东向碰撞古巴中部地区（Schneider et al., 2004）,导致沉积环境发生突然变化,同时还存在着火山活动。同时此次碰撞事件将发育于中部火山岛弧构造单元和巴哈马构造单元之间的蛇绿岩挤压至现今所处的位置,在两者之间形成一条缝合带。始新统发育的砂砾岩可能表明本次碰撞活动从古新世一直持续到始新世。渐新统-新近系主要发育碳酸盐岩和钙质泥岩（Schneider et al.,2004）,显示火山作用和碰撞作用已经停止,中部进入构造活动较为稳定的后碰撞时期。

四、南部火山岛弧构造单元

古巴南部火山岛弧构造单元的地层组合明显不同于其他地区,发育白垩系-新近系地层,缺失侏罗系地层。其中,白垩系为火山碎屑岩及钙质碱性玄武岩,部分地区存在花岗岩及花岗闪长岩等深成岩体侵入的现象（Iturralde-Vinent,1994）。沉积岩不发育,未发现代表稳定沉积环境的地层组合,因此南部火山岛弧构造单元没有经历过西北部和中部的白垩纪被动大陆边缘及侏罗纪的裂谷的沉积阶段。古新统-中新统地层主要为火山碎屑岩及钙质碱性喷出岩,部分地区含有少量碳酸盐岩（见图2-3、图2-4）,形成于白垩纪之后的火山活动（Rojas-Agramonte et al.,2008）。古新统-始新统的砂砾岩沉积及古近系上部地层的缺失,可能指示古新世时期南部火山岛弧构造单元和中部火山岛弧构造单元、巴哈马构造单元碰撞拼合的构造运动。新近系碎屑岩及碳酸盐岩的出现表明南部构造活动逐步已趋于稳定（Rojas-Agramonte et al.,2008）（见图2-3）,此时期整个古巴群岛的雏形已基本形成。

第三节　变质岩

在古巴,有一些重要的地区揭露有变质岩。主要是在比那尔德里奥省尤文图德岛地块的阿罗约坎雷（Arroyo Cangre Strip）地带,西恩富

戈斯和圣斯皮里图斯(Cienfuegos and S. Spíritus)的瓜木海亚(Guamu-
haya)地块,奥尔金省的拉科里亚(La Corea),关塔那摩省的梅斯
(Maisí)地区等。但在古巴的几个地区,经常出现小的露头:维洛兹牧
场、阿罗约·布兰科、卡马圭、拉斯图纳斯、贝拉斯科和其他几个区域。
除了一些孤立的露头,如维拉克拉拉省和马坦萨斯省的莫雷纳山脉及
拉泰哈山脉南部的露头外,这些变质岩具有侏罗纪和白垩纪的岩石作
为原生岩,与古巴出现的不同的岩石地层单元有关,它们的年龄和地质
层位已经确定。这些中生代地层的变质作用基本发生在白垩纪,在不
同的地质条件和构造条件下,由于其温度-压力关系,具有不同类型的
变质作用。

一、前中生代硅铝质机制的变质岩

如前所述,它主要是大理石硅质辉绿岩,通过氩钾法给出的年龄为
(945±2.5)百万年和(910±250)百万年。它们分别出现在马坦萨斯省
和维拉克拉拉省的拉特哈及索科鲁地区。

二、圣卡耶塔诺组岩石共生普罗托利斯变质岩

它们揭露于比那尔德里奥省的阿罗约仓雷(Arroyo Cangre)组地
层,在尤文图德岛上的卡尼亚达和阿瓜圣塔组,拉马瓜、赫拉杜拉、格洛
里亚(La Llamagua,Herradura,La Chispa y Loma La Gloria)组的瓜木海
亚地块。它们是石英质变质砂岩、千枚岩、石英质片岩、云母石英岩、富
含白云岩和石墨的变质片岩。在埃斯坎布雷(瓜木海亚地块)中,有一
个较低程度的变质作用。它们是石英质变质砂岩,有光泽的千枚岩保
存了它们的主要特征:石英岩、石英质片岩和富含石墨的页岩。也有聚
合结晶片岩,有时是钙质片岩,一些大理石、钙质片岩和变质石英岩。

在查法里纳(Chafarina)组的下面,在塞拉德尔普里亚形成了一个
带,赋存一系列有光泽的千枚岩和细变质岩,富含石墨物质,并侵入灰
色石灰岩和放射性变质岩。它们和比那尔德里奥省的圣卡耶塔诺组的
岩层非常相似。

三、原生岩为北美大陆边缘碳酸盐岩的变质岩

在尤文图德岛上，出现了赫罗纳群（Gerona）的岩石。它们有四个明确大理岩岩层：比比加瓜普拉亚（黑色石炭纪大理岩）、科伦坡（灰色臭味大理岩，含白云质大理岩）、奇基塔山脉（非常精细的白云石大理石，透明，带状，薄层）、卡巴洛斯山脉最高部分——赫罗纳群（它们是灰色的、中等颗粒的、恶臭的大理岩，巨型大理岩和白云质大理岩）。"卡萨斯山脉大理岩"是巨大的、粗粒的大理岩。这些都是独立的构造级次。

在瓜木海亚地块，描述圣胡安群，是一系列深蓝灰色的大理岩、大理石石灰岩，一般呈层状。该群基础是纳西索（Narciso）组，在该组中牛津阶上部发现有菊石。马雅里（Mayarí）组赋存有最好的大理岩，是深灰色的大理石，有薄层的石英岩，含有提塘阶菊石。该群的上部是柯兰特斯和韦加-德尔卡菲（Collantes and Vega del Café）组，描述了用黏土页岩带分层的黑色和灰色大理。萨宾娜（Sabina）组描述了一系列偏硅化石英岩和偏硅化片岩。埃洛斯塞德罗斯（Los Cedros）组表述为浅灰色到深灰色的大理岩，层状，散布着石英岩，有时含锰。萨拜娜（Sabina）组由一系列偏硅质石英岩和偏硅质石英片岩组成，层状和带状，通常呈粒状。

亚古那波（Yaguanabo）组包括基本的绿色火山片岩，散布孤立的大理石和偏硅质变质岩。埃尔坦伯（El Tambor）组包含大量的绿色片岩，有时是石灰质的，其原岩是有规律的分层的复理岩。这些岩石覆盖着埃斯坎布雷（Escambray）地层柱。

在梅斯地区的查法里纳（Chafarina）组，它由深灰色的大理岩片岩组成，分层良好，呈奶油色和粉红色。它们是沥青质的，有时带有有孔虫的轻微改变的石灰岩，有孔虫可能来自上侏罗世。

四、原生岩为白垩纪火山弧岩石的变质岩

在古巴的几个地方，变质岩出现在白垩纪火山弧的序列中。主要地区位于西恩富戈斯省和圣斯皮里图斯省埃斯坎布雷的北部和南部；

在拉斯图纳斯地区的隆佩山脉和关塔那摩省的普里亚尔山脉。

它被非正式地称为"马布吉纳综合体"（Complejo Mabujina），广泛出露在古巴中部南部，与埃斯坎布雷构造接触。根据米兰（Millán）的说法，它是白垩纪火山弧的最低部分，也是蛇绿岩系列的不同组成部分，是白垩纪火山弧的基础，变形并折叠在一起。根据辐射测量数据，角闪岩归属于下白垩纪。

"隆佩山脉变质岩"是白垩纪火山岩带，具有典型的低压角闪岩。它们在"卡马圭-拉斯图纳斯花岗岩"的南部。角闪岩常见于玄武岩中，偶尔也可以看到这些层的原始分层。

第四节　岩浆岩

一、白垩纪火山弧的古地理域，萨萨（Zaza）构造地层单元

这个构造地层单元主要包括白垩纪火山岛弧和古巴中部，以及卡马圭省和拉斯图纳斯省的侵入花岗岩带。群岛火山弧的火山-侵入岩体可以被描述为火山古群岛，与其他地层和构造界限非常明确。这些岩石出现在巴伊亚本田地区（阿特米萨省北部），在格兰德地区（尤文图德岛），哈瓦那、玛雅比克、马坦萨斯、西恩富戈斯、克拉拉、桑提斯、阿维拉、卡马圭、拉斯图纳斯、奥尔金、格兰玛和关塔那摩省。此外，一些油井也记录下了它们。

在白垩纪火山弧的岩石中，可以确定岩石构造组、火山、沉积火山岩、深成岩和变质的火山岩复合体。这些集合存在于这个国家的不同地方，其化学和岩性组成有横向和垂直变化。火山、沉积火山岩和深成岩对应在火山岛和它们周围的海洋中形成的喷出性、侵入性、火山碎屑性沉积岩。这些岩石构造集合，由于它们包括含化石的地层，可以用古生物学的方法来确定年代。通过红色和底栖有孔虫，已经确定了上阿尔布阶、桑托阶和坎潘阶的石灰岩的存在。古老的弧形火山岩已扩展到下白垩纪尼奥科期，要知道在阿尔布期的化石底板线下有数百米的火山岩。

白垩纪火山弧中最年轻的火山岩的年代被一些研究者认为是上白垩纪的马斯特里赫特期,但是最接受的趋势是上坎潘阶上部的白垩纪火山弧上部部分,开始它们覆盖在整个古巴领土不同单元,属于上坎潘阶-马斯里赫特阶和上马斯里赫特阶((Linares Cala et al.,2015)沉积重叠盆地。火山沉积序列被许多不同组成和时期的侵入岩体所切割。侵入体或地块的长度可超过100~120 km,宽度约为20 km,比如卡马圭-拉斯图纳斯的花岗岩地块。入侵的时代是由大量的绝对年龄分析所确定的。

　　根据每个省的地质制图情况,许多白垩纪火山弧的岩石地层单元被命名。在阿特特米亚,有奥罗斯科、奎诺内、恩克里贾达岩层。在哈瓦那-马坦扎斯地区,发展有拉特坦帕和奇里诺岩层。在古巴中部,有洛斯帕索斯、波尔尼尔、马塔瓜、卡巴关、贾劳、达加玛尔、拉拉纳、佩劳层。阿里芒及其莫斯科成员,希拉里奥、拉斯卡尔德拉斯、古奥斯、布鲁贾斯、西巴波等岩层。在阿维拉省和卡马圭省,盖马罗、曹比拉、康特拉梅斯特、维多特和马蒂都被命名。最后,在拉斯图纳斯和奥尔金省,伊比利亚、布埃纳文图拉和洛马布兰卡地层被命名。

　　关于白垩纪火山弧岩石的年龄和厚度,在各个地区并不均匀。从几次调查来看,洛斯帕索斯(Los Pasos)组的对比火山活动的岩石按绝对年龄年代测定指向的是尼奥科(Neocomian)期。在阿普特期和阿尔布期,已经有一些化石可以确定年代。在塞诺曼期有一个短暂的火山活动间隙,晚坎潘期火山被限定在上白垩纪的末期。就本质而言,这些岩石的化石很少;此外,在古巴的褶皱和超褶皱带,它们有着不同组成的覆盖物。由于这些不利因素,在地质调查工作中很难测量它们的厚度。在古巴西部的油井中,有几百米的记录。例如,维加1号、阿里加纳博2号、梅赛德斯1号和2号、科奇诺斯1号的深井;瓜纳博、布经布兰卡、博卡德贾鲁科和尤穆里油田的井;马德鲁加地区的几次石油钻探活动。总的来说,该区域的覆盖物厚度不小于1 500 m。在古巴中部的维拉克拉拉省、圣斯皮里图斯省、阿维拉拉省和卡马圭省对组成这一组群的地层的研究成果是非常显著的。这可以被证实是因为在克里斯塔斯、贾蒂博尼科、皮纳和贾拉韦加油田已经钻了许多井。考虑到地幔结构,哈滕(Hatten)及其合作者估算厚度为6 000~6 700 m,不包括玄武岩的熔岩流动和洛斯帕索斯组的酸性岩。这个厚度被夸大了,在中央盆地的许多井中,最初几千米的厚度是显而易见的(维加格兰德2号,大于1 000 m;贾蒂博尼科·苏尔1号井、贾福马1号井和瓜约斯1号井,在1 500 m以上;雅提波尼科78号,大于2 000 m)。

白垩纪火山弧的岩石与哈瓦那和奥尔金之间北部岛屿上不同位置的蛇绿岩发生构造接触。许多地质学家在地质测绘工作和石油钻探的报告中都描述了其构造关系。通常这种接触与裂缝和叶状区域重合,或者是包含蛇绿岩、火山岩和弧深成岩的混合地块,在大多数情况下代表溢流断层及其相应的熔脉。

二、白垩纪火山弧形成的晚阿普特期-坎潘期的侵入性岩浆岩

在所谓的马尼加拉瓜(Manicaragua)带,在谢戈德阿维拉省、卡马圭省和拉斯图纳斯省,许多岩浆体出现,总体上是花岗岩状的侵入岩。在卡马圭南部发现了一些小型岩体,它们的接触地层改变了文蒂斯-阿曼西奥·罗德里格斯(Vertientes-Amancio Rodríguez)盆地的构造,如盖马罗和维多特(Guáimaro and Vidot)岩层。拉斯图纳斯-卡马奎(Las Tunas-Camagüey)有13个侵入岩体,如西巴尼库-拉斯图纳斯800 km²,西波尼48 km²,伊格纳西奥9 km²,卡马圭132 km²,拉拉加15 km²,阿尔加罗博44 km²,拉斯帕拉斯40 km²,圣罗莎26 km²,佛罗里达-切斯佩德斯-圣安东尼奥超过220 km²。还有其他较小的岩体,如盖马罗约2.5 km²,皮埃特里西塔斯6 km²,拉普雷萨11 km²,诺特地区7 km²。最后3个位于卡马圭省侵入性岩体塞斯佩德斯-佛罗里达-圣安东尼奥(Céspedes-Florida-San Antonio)的西北部。4个岩浆"地层"的形成与火山弧的不同发展阶段相对应:阿普特期-阿尔布期(Aptian-Albian)的辉长花岗岩;阿尔布期-塞诺曼期(Albian-Cenomanian)的硅质岩,土伦期-坎潘期(Turonian-Campanian)花岗闪长岩-花岗岩,晚坎潘期的辉长二长岩。在地下,在卡马圭省奥罗蒂纳洪(Tinajón de Oro)1-X油井和拉斯图纳斯省北部边缘的皮卡尼斯(Picanes)1-X油井中记录了明显厚度的花岗岩。

第三章 区域矿产与成矿带划分

第一节 矿产概况

古巴矿产资源丰富,具有开采价值的矿产资源有镍、钴、锰、铬、铁和铜等(见图3-1)。其中,镍储量占世界已探明储量的约1/3。2017年古巴是全球第十大镍生产国,亦是全球第五大钴生产国;2018年底,古巴政府曾发布消息称当年国内镍钴矿产量预计将达5万t;锰储量约700万t;铬的储量也较丰富;铁矿储量约有35亿t,主要分布于尼佩山和巴拉科阿山区,是世界上储量最大的地区之一;古巴几乎所有的山脉都蕴藏着铜矿;松树岛储有钨矿,还出产大理石。

2008年,古巴宣布已探明可开采石油储量200亿桶,主要储藏在墨西哥湾古巴专属经济区。但根据美国地质调查局公布的数据,古巴近海石油储量约50亿桶,最多不超过90亿桶。2016年,澳大利亚MEO石油勘探公司在古巴中西部省份发现拥有80亿桶储量的大油田。古巴99%以上的石油产自首都哈瓦那和马坦萨斯省之间的近海大陆架,尽管该区块已开采半个多世纪,仍拥有近60亿桶储量。古巴200海里专属经济区面积约为11.2万 km^2 ,此范围内石油储量为46亿~93亿桶,天然气储量为9.8万亿~21.8万亿 m^3 。2017年古巴国内石油产量为353.8万t(低于此前400万t的年产量)。在关塔那摩、拜提吉里和拉伊萨伯拉等沿海还可生产海盐。

图3-1中:1—耶罗曼图阿(Hierro Mantua)(铜Cu,金Au);2—坎迪达(Candida)(铜Cu,锌Zn,银Ag,金Au);3—罗马德耶罗(Loma de Hierro)(银Ag);4—马他赫贝(Matahambre)(铜Cu,银Ag)和涅韦斯(Nieves)(锌Zn,铅Pb,银Ag,金Au);5—胡卡洛(Jucar)(铜Cu);6—德利塔(Delita)(金Au,银Ag,锑Sb);7—莱拉(Lela)(钨W);8—

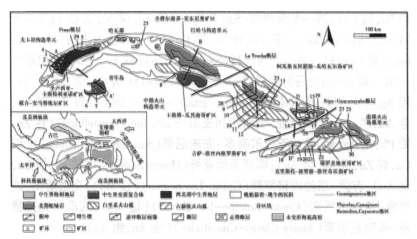

图3-1 古巴金属矿床及区域地质简图

（据 Iturralde-Vinent,1994;地质和古生物研究院修改）

阿丽玛奥（Arima）（铜 Cu,金 Au）;9—卡马圭Ⅰ号和Ⅱ号（Camaguey Ⅰ y Ⅱ）（铬 Cr,铂族元素 EGP;10—维克多利亚Ⅰ号和Ⅱ号（Victoria Ⅰ y Ⅱ）（铬 Cr,铂族元素 EGP）;11—瓜伊马罗（Guaimaro）（铜 Cu,钼 Mo,金 Au）,帕洛塞科（Palo seco）（铜 Cu,钼 Mo,金 Au）和帕洛塞科Ⅰ号（Palo secoI）（铁 Fe）;12—金山（Golden hill）（金 Au,银 Ag）;13—雅辛图（Jacinto）（金 Au,银 Ag）;14—圣玛利亚（Santa maria）（铜 Cu,金 Au,锌 Zn）;15—查科普列托（Charco prieto）（铜 Cu,金 Au）;16—科帕尔马斯（Cuatro palmas）（金 Au,银 Ag）;17—拉斯玛格丽塔斯（Las margaritas）（铜 Cu,金 Au）;18—因非尔诺（Inferno）（锌 Zn,铜 Cu,金 Au,银 Ag）;19—拉克里斯蒂娜（La cristin）（铜 Cu,金 Au）和拉马尼亚那（LaManana）（铜 Cu,金 Au,银 Ag）;20—胡阿妮卡（Juanica）（铜 Cu,金 Au,银 Ag）;21—贝塔雷伊（Veta Rey）（铜 Cu,金 Au,银 Ag）和圣米盖尔（SanMiguel）（铜 Cu,金 Au,银 Ag）;22—埃尔科夫雷（El Cobre）（铜 Cu,锌 Zn,铅 Pb,金 Au）;23—埃尔艾姆巴尔克（El Embarque）;24—特雷斯安特纳斯（Tres Antenas）;25—莫阿（Moa）（铁 Fe,镍 Ni,钴 Co）和加玛丽奥卡（Camarioca）（铁 Fe,镍 Ni,钴 Co）;26—比纳莱斯得玛雅里（Pinares de Mayari）（铁 Fe,镍 Ni,钴 Co）;27—乐维萨（Levisa）（铁 Fe,

镍 Ni,钴 Co);28—圣费利佩(San Felipe)(铁 Fe,镍 Ni,钴 Co);29—卡哈尔巴纳(Cajalbana)(铁 Fe,镍 Ni,钴 Co);30—梅塞迪塔斯(Mercedi-tas)(铬 Cr);31—圣弗朗西斯科(San francisco)(铁 Fe)。矿区(用矩形表示):联合-胡安马努埃尔(Union-juan Manuel)(铜 Cu,钴 Co,金 Au,银 Ag);卡洛塔-瓜其南哥(Carlota-guachinango)(铜 Cu,锌 Zn,钴 Co,金 Au,银 Ag);圣卢西亚-卡斯特利亚诺(Santa lucia-castellano)(锌 Zn,铅 Pb,银 Ag,金 Au);圣费尔南多-安东尼奥(San fernando antonio)(铜 Cu,锌 Zn,银 Ag,金 Au);耶罗圣地亚哥(Hierro Santiago)(铁 Fe,铜 Cu,金 Au);吉萨-洛丝内格罗斯(Guisa-Los negros)(锰 Mn);克里斯托-波努波-洛丝奇沃斯(Cristo-Ponupo-los Chivas)(锰 Mn);阿瓜斯克拉腊斯-瓜哈瓦尔斯(Aguas Claras-Guajabales)(金 Au,银 Ag)。

第二节 区域矿产

一、金属矿产

古巴领土的特点是各种复杂的地质,存在强烈的地球动力学环境。它们是缓和的大陆边缘、岛屿火山弧、海洋岩石圈(蛇绿岩)、碰撞(造山运动)和内陆板块。剧烈地球动力学背景存在的多样化沉积环境,使得多种金属矿床类型的存在比我们想象的要广泛得多。这样,在大陆边缘有硅质碎屑和碳酸化序列;在岛状火山弧中,有属于拉斑玄武岩、钙碱性和碱性系列的序列,同时也代表了火山弧的不同部分(后弧,在较小程度上,前弧)。在蛇绿岩中,区分属于不同层次的蛇绿岩序列;造山环境包括亚火山侵入体,从镁铁质到长英质和长英质侵入体,由大陆地壳的部分熔化而产生的;在板块内环境中,出现了与沉积过程相关的化学和机械沉积环境,以及表层风化的沉积环境。

在古巴领土上,共有41种金属沉积物模式和8种描述性遗传子模式,具有不同程度的确定性。此外,还确定了另外9个可在古巴境内有代表的沉积模式和2个子模型,尽管到目前为止,还没有已知的沉积模式代表它们(见表3-1)。结合在位于古巴不同地球动力学环境中的沉积物类型和构造单元之间对时空相互关系的分析,以及这些模型的部分起因,发现在该国存在如下 10 个矿物系统(见图 3-2)。

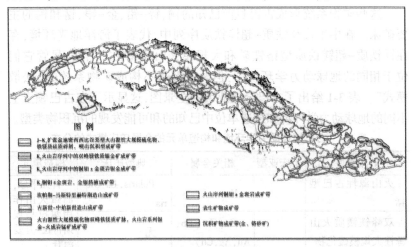

图 3-2 古巴矿物系统的空间分布情况

大陆边缘环境:

J-K$_1$ 扩张盆地密西西比谷类型火山源性大规模硫化物、铁镁质硅质碎屑,喷出沉积型成矿带。

白垩纪岛状火山弧(IVA)环境:

①K$_1$ 火山岩序列中的双峰镁铁质银金矿成矿带。

②K$_2$ 火山岩序列中的铜钼±金斑岩银金成矿带。

③K$_2$ 铜钼±金斑岩、金银热液成矿带。

碰撞(造山)环境:

①坎帕期-马斯特里赫特期造山成矿带。

②古新世-中始新世造山成矿带。

古近纪岛火山弧环境:

①火山源性大规模硫化物双峰铁镁质矿脉,火山岩系列银金-火成岩锰矿成矿带。

②火山序列铜钼±金斑岩成矿带。

板内环境:

①表生矿物成矿带。

②沉积矿物成矿带(金、铬砂矿)。

这些矿物系统形成古巴目前已知的铜、锌-铅、金-银、锰和钨的主要矿床。在中生代镁铁质-超镁铁质序列中,代表了海洋地壳环境,存在镁铁质-超镁铁质型铬铁矿和大规模火山硫化物。然而,尽管它们位于相同的地球动力学环境中,但两者都是不构成矿物系统的"松散模式"。表3-1给出了古巴金属成因的全景图,这显示了在古巴领土上不同的地球动力学环境和构造单位中已知的和可能发现的沉积物类型。

表3-1 古巴地球动力学环境和构造单元的金属矿床模式的分布

矿床类型	矿床亚型	相关金属	典型矿床	构造单元
火山源性古巴型锰		Mn	Polaris, La Gloria	背弧平原,岛弧火山作用谢拉马埃斯特拉-开曼海脊
双峰铁镁质火山源性大规模硫化物		Cu, Zn(Pb, Au, Ag, Cd)	无	
双峰铁镁质火山源性大规模硫化物		Cu, Zn(Pb, Au, Ag, Cd)	El Cobre, San Fernando, Antonio	
长英质火山源性大规模硫化物	双峰长英质亚型	Cu, Zn, Pb (Au, Ag, Cd)	Infierno*	岛火山弧 (IVA),马埃斯特拉山脉-克里斯塔开曼群岛和欧特里夫期-阿尔必期岛屿火山弧
硅卡岩铁质		Fe	La Grande, Chiquita	
铁-铜硅卡岩		Fe, Cu(Au)	Antoñica, Arroyo de La Poza	
铜硅卡岩		Cu, Au(Ag, Zn)	Marea del Portillo	
银-金火山岩脉		Ag, Au, Pb, Zn(Cu, Mn)	Veta Rey, San Miguel	
火山源性古巴型锰		Mn	Los Chivos, La Margarita, Barrancas-Ponupo IV-Sultana	
Cu-Mo±Au 斑岩		Ba	El Cedrón	
Cu-Mo±Au 斑岩		Cu(Mo, Au, Ag)	Buey Cabón	

续表 3-1

矿床类型	矿床亚型	相关金属	典型矿床	构造单元
Cu-Mo±Au 斑岩		Cu（Mo，Au，Ag）	Cobre Arimao，Guáimaro	中阿尔比阶-坎潘阶的岛屿火山弧（IVA）
Cu-Mo±Au 斑岩	铜金碱性斑岩亚型	Cu，Au	无	
Au-Ag 热液高硫化岩		Au，Ag，Cu（As）	Golden Hill	
Au-Ag 热液低硫化岩		Au，Ag	Florencia，Maclama	
Au-Ag 热液低硫化岩	Au-Ag 热液低硫化碱性岩亚型	Au，Ag	Jacinto	
Fe 硅卡岩		Fe	Maragabomba，Loma Alta	
Fe-Cu 硅卡岩		Fe，Cu（Au，Zn）	Guaos（Francisco Mayo）	
Cu 硅卡岩		Cu，Au（Ag，Zn）	Cañada Honda，Arimao Norte	
Au 硅卡岩		Au	Abucha，Jobabo I	
Th-REE 岩脉		Th，REE，Cu，Au，Ag	Embarque，Tres Antenas	
Fe-P-REE 氧化基律纳型**		Fe（REE）	Palo Seco I	
火山源性锰古巴型		Mn	Naranjo	
造山成因的金母岩矿脉类型		Au，Ag（Cu）	Reina Victoria，Nuevo Potosí，Descanso	碰撞中生代蛇绿岩复合体，白垩纪岛屿火山弧地体
造山成因Cu-Zn-Au-Ag 矿脉		Cu，Zn（Au，Ag，Ti）	Santa María，Charco Prieto	

续表 3-1

矿床类型	矿床亚型	相关金属	典型矿床	构造单元
存在在硅屑序列中的造山金矿脉		Au,Ag(Sb)	Delita	碰撞皮诺斯岩层,瓜穆哈亚岩层,瓜尼瓜尼科构造地层单元
Ni-Co-As-Ag±Bi-U 五种岩脉		Ag,Ni,Co (Zn)	Loma del Viento	
黑色板岩造山Au-PGE矿脉		Au(PGE)	无	
钨矿脉		W(Mo)	Lela	与长英矿物碰撞侵入有关,皮诺斯岩层
钼斑岩		Mo(W)	Lela	
钼硅卡岩		Mo(W,Cu,Pb,Zn,Sn,Bi,U,Au)	无	
锡硅卡岩		Sn(W,Zn,Fe)	无	
钨硅卡岩		W(Mo,Cu)	无	
与侵入减少有关的金矿脉		Au(Sb)	无	
海洋火山成因锰矿		Mn	La Ligera	海洋岩石圈与上俯冲中生代蛇绿岩的复合体
豆状体铬铁矿		Cr(Au,PGE)	Merceditas,Camagüey I-II,Caledonia,Casimba	
超镁铁质火山成因块状硫化物		Cu(Au,Ag)	Júcaro,Buenavista,Río Negro	
造山成因的Cu-Ni±Au,Co		Ni,Cu(Au,Co,PGE)	La Cruzada,Salomón	

续表 3-1

矿床类型	矿床亚型	相关金属	典型矿床	构造单元
硅质碎屑的火山成因块状硫化物铁镁质矿体		Cu, Co (Au, Ag)	Unión–Juan Manuel, Hierro Mantua	大陆边缘瓜尼瓜尼科构造地层单元, 松树岛和瓜穆哈亚地体
Zn–Pb–Ag 喷出沉积	塞尔温亚型	Zn, Pb, Ag (Cu, Au, Ba)	Santa Lucía, Castellanos, Nieves	
Cu–Ag–Co 共生沉积		Cu(Ag)	Matahambre	
柱状重晶石		Ba	El Indio, Santa Gertrudis	
Zn–Pb 密西西比河谷型	爱尔兰亚型	Cu, Zn (Co, Ag, Au)	Carlota, Guachinango	大陆边缘松树岛和瓜穆哈亚地体; 瓜尼瓜尼科构造地层单元
Pb–Zn–Ag 硅屑序列中的多金属脉		Pb, Zn (Cu, Ag)	Lola	
层状锰		Mn	Mesa I y II	
硫化铁		Fe	La Ceiba	
沉积铝		Al	Sierra Azul–Pan de Guajaibón, Manga Larga	
多金属黑页岩	富含 Cu–Zn–Ni–Co±EGP 黑色页岩亚型	Cu, Zn, Ni, Co(PGE)	无	
破碎的山类型 Pb–Zn–Ag±Cu		Cu, Pb (Au, Ag)	Isabel Rosa	大陆边缘阿罗约坎格雷构造-地层单元

续表 3-1

矿床类型	矿床亚型	相关金属	典型矿床	构造单元
表生红土 Fe-Ni-Co		Fe, Ni, Co (Au,Cr,Mn,Sc, PGE)	Yagrumaje Oeste, Pinares de Mayarí	板内盆地始新统-第四系覆盖
表生红土 Fe-Ni-Co	红土豆荚状亚型	Fe, Ni, Co (Au,Cr,Mn,Sc, PGE)	Luz Sur	
红土-腐泥土表生 Fe-Ni-Co	红土-腐泥土蛇纹石亚层	Fe, Ni, Co (Au,Cr,Mn,Sc, PGE)	Punta Gorda,Martí, Piloto	
红土-腐泥土表生 Fe-Ni-Co	红土-腐泥土黏土亚层	Fe, Ni, Co (Au,Cr,Mn,Sc, PGE)	San Felipe	
沉积的 Fe-Ni-Co	针铁矿沉积露头亚型	Fe, Ni, Co (Au,Cr,Mn,Ti, Sc,PGE)	Levisa Norte,Playa La Vaca	
沉积的 Fe-Ni-Co	菱镁质沉积受限亚型	Fe, Ni, Co (Au,Cr,Mn,Ti, Sc,PGE)	无	
表生稀土元素		REE(Au)	无	
表生铝矿脉		Al	Cayo Guam, Quemado del Negro	
Au–Ag 的 gossan 矿脉		Au,Ag	Loma de Hierro	
表生铁(冲刷-冲刷铁铅)		Fe	San Francisco	
金砂		Au	Río Yabazón, Río Naranjo,Placer Maclama	
铬砂		Cr	Placer Tau,Toa	

说明:1. *这个沉积包含比古巴镁铁质双峰火山成因块状硫化物更多的铅,但低于典型的长英质火山成因块状硫化物。

2. **被认为是识别低程度的确定性指出模型和子模型没有古巴沉积类型的例子可能存在,它们直到现在还没有被发现。这是在古巴沉积物中观察到的金属组合。在没有示例的情况下,它由模型或子模型提供。

3. PGE–Platinum Group Elements(铂族元素);REE–Rare Earth Elements(稀土元素);VMS– Volcanogenic Massive Sulphide(火山成因块状硫化物);MVT– Mississippi Valley Type(密西西比河谷型);IVA– Insular Volcanic Arc(岛屿火山弧)。

(一)镍和钴

古巴镍储量占世界已探明储量的 1/3 左右。2017 年古巴是全球第十大镍生产国,亦是全球第五大钴生产国。古巴钴储量居世界第三位,储量为 50 万 t,基本上以硫化镍钴伴生中间品的形式出现。其资源主要集中在奥尔金省东北部地区,在目前确认的 39 处矿床中,较大的是皮纳列斯德马拉、莫阿、蓬塔戈尔达、雅格鲁玛吉,还有拉斯卡马里奥卡。另外,可圈可点的矿床是在卡马圭省的圣费利佩,还有位于最西部比那尔德里奥省的卡哈尔巴纳。

古巴群岛的北部是由被称为古巴蛇绿岩带的超碱性岩石组成的。该带露头延伸了 1 000 多 km,被认为属于上侏罗纪-下白垩纪(勒图拉德·文内特,1996)。古巴蛇绿岩带的东部大部分地区,长 170 km,宽 10~20 km,被称为马雅夫-巴拉科亚地区。

在蛇绿岩层序中可以区分:蛇纹化夹层斜方辉橄岩(含少量二辉橄榄岩、纯橄榄岩和辉绿岩);夹层斜方辉橄岩(含少量二辉橄榄岩)、辉长岩和橄长岩;各向同性辉长岩、微辉长岩、辉绿岩和辉绿岩坝;堆积玄武岩流与石灰岩和放射状岩互层。

由于气候特征和超镁铁岩上的气候风化作用,该地区超镁铁岩上存在富含重金属(镍、铬、钴和铁)的红土岩结壳。图 3-3 显示了莫阿

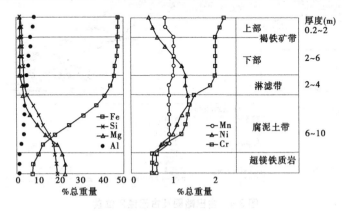

图 3-3 莫阿矿床红土剖面中 Fe,Ni,Cr,Mg,Si 和 Al 的垂直分布图

(改编自 Vera,1975)

(Moa)红土沉积物中一些选定的金属(Fe、Ni、Cr、Mg、Al 和 Si)的垂直分布,浓度取决于红土风化发育的程度。铁、铬、铝的富集是由于硅和镁的浸出。Cr 含量随深度的增加而降低。

古巴的镍钴矿主要是由超铁镁质岩经风化淋滤而形成的镍矿。位于奥尔金省的超基性岩体沿岛屿分布长达 800 km,面积 5 150 km²。其中,最大的皮纳列斯德马拉–莫阿–巴拉科阿,面积达 2 260 km²,含矿的风化壳面积为 40~80 km²,其下部镍矿厚 7.4 m(个别地段达 18 m),含镍 2%~3%,平均 1.2%~1.5%,探明镍金属储量 550 万 t,基础储量 2 300 万 t,伴生钴金属 36 万 t。

(二)锰

古巴有丰富的锰矿,储量约 700 万 t,绝大部分集中在古巴南部的奥连特省(行政区划调整后的格拉玛省、圣地亚哥省和关塔那摩省)(见图 3-4),埋藏锰矿的土地面积估计有 6 500 km²,目前主要在下列 5 个矿山开采:埃尔克里斯托、查尔科、雷东多、玛加里塔·德卡姆布特、布耶西托和波努波。波努波锰矿是古巴最大的产锰中心,美国垄断企业曾在那里开采了 70 多年。

图 3-4　古巴略图及古巴锰矿位置

在古巴的每个省都发现了锰,在位于奥连特省南部和关塔那摩西部、马埃斯特拉山脉的南北坡上都有沉积物;其他一些位于古巴圣地亚哥的北部和东北部,奥尔金北部和东部也有小规模的沉积。在北部的比那尔德里奥省,在风琴(Organ)山北部和南部的低地都发现了锰矿床;迄今为止发现的最好的矿床,位于巴伊亚本田和洛斯阿科斯塔(Bahia Honda and Los Acosta)之间的山脉的北部底部。在拉斯维拉斯(圣克拉拉)省,在阿马洛附近的北部和特立尼达附近的南部海岸开发了少量矿石。但已知储量最大的矿床是在奥连特省。奥连特省的锰矿床位于马埃斯特拉山脉附近的广阔区域,主要由始新世火山岩和石灰岩组成;除少数例外,它们要么是始新世岩石中的基岩矿床,要么是被称为颗粒的表层堆积物。基岩沉积物主要为凝灰岩或石灰岩。它们的锰矿物主要是氧化硫化物、硬锰矿和锰矿。锰被认为是由温暖的泉水沉积下来的,它们在位于马埃斯特拉山脉的始新世火山活动的最后阶段非常活跃。纹理质地特征表明,锰氧化物部分沉积在泉水的开放空间管道和孔隙空间中,部分沉积在岩石的置换中。一些沉积物是层状的,似乎是锰氧化物的主要积累,可能来自于排放入海洋的泉水。这些层状矿石的岩性特征表明,它们是与伴生沉积岩同时沉积的。

大的矿床由露出地面的岩层露头和其附近地下土壤中发现的锰氧化物的结核或颗粒组成。它不是像砾石一样集中在溪流中,而是在近水位区域或海滩上变得更加丰富,那里的水面间歇性或缓慢运行。

(三)铁矿

古巴铁矿资源异常丰富,储量约有 35 亿 t。全国各省都藏有铁矿,主要分布于尼佩山和巴拉科阿山区,是世界上储量最大的地区之一。

古巴矿业的铁矿生产开始于 20 世纪初,当时伯利恒钢铁公司(Bethlehem Steel Corporation)在玛雅里(Mayari)从古巴的红土矿(同生产镍的红土矿)中生产出了铜,该过程的第一个阶段是在玛雅里(Mayari)菲尔顿(Felton)建立了工厂。该公司利用旗下位于美国宾夕法尼亚州(Pensylvania)的设施完成了铜的加工过程。

最重要的铁矿包括:

(1)磁铁矿:黑色矿物,是所有矿物质中含铁比例最高的矿物。古巴圣地亚哥(Santiago de Cuba)以东的区域有一处矿藏,也就是比较著名的代基里(Daiquiri)。

（2）赤铁矿：含铁量约70%，颜色各异，从黑色到砖红色不等。

（3）褐铁矿：与赤铁矿类似的褐色铁矿。当将其烘干时，褐铁矿会变得很像赤铁矿。主要位于古巴镍业集团(CUBANIQUEL)在奥尔金省(Holguin)的莫阿(Moa)、尼卡罗(Nicaro)和玛雅里(Mayari)矿区，以及卡马圭省(Camagüey)的圣费利佩(San Felipe)矿区。

(四) 铜矿

古巴铜的蕴藏量丰富，在古巴矿产开采也最早，从1534年就开始铜矿的勘探和开采。古巴几乎所有的山脉都蕴藏着铜矿，古巴铜矿主要集中在比那尔德里奥省和奥连特省，那里的蕴藏量占全国总蕴藏量的2/3以上。

在古巴历史上，曾在古巴圣地亚哥(Santiago de Cuba)、马塔哈姆布雷(Matahambre)的矿藏和比那尔德里奥省(Pinar del Rio)的胡卡洛(Jucaro)开采过铜矿，但后来因为市场上铜的价格骤降，这些铜矿在21世纪初就全部关闭了。目前，地矿盐业集团(GEOMINSAL)有一个引入境外投资机会的矿藏：比那尔德里奥(Pinar del Rio)的耶罗—曼图阿(Hierro-Mantua)矿藏。

(五) 铬矿

铬主要分布在马坦萨斯省的瓜马卡罗地区，卡马圭省的努埃维塔斯城以北和奥连特省的马亚里、塔纳莫、摩亚和奥尔金城的西北郊等地区。

(六) 钨矿

古巴的钨矿分布在松鼠岛(青年岛)。古巴松鼠岛的钨矿床位于该岛的西南部，靠近西南纳亚海峡。三个时期的火成岩侵入该地区的变质岩。最古老的是较细的伟晶石岩脉，它们与大片贫瘠的石英岩体有关。最丰富的火成岩是长石-石英斑岩，它出现在从北纬几度到北纬30°的堤坝上，倾角75°~90°。它比钨矿脉更古老，并且矿脉被流纹岩斑岩岩脉切断，沿着矿脉和破碎带被侵入45°N~55°W。流纹岩很少出露得很好，很容易风化。

主要的矿石矿物出现在石英电气石脉和石化硅化角砾岩、长石石英斑岩、片岩和石英岩中。一些白钨矿是由钨铁矿蚀变形成的。一些冲积、残余和海相沉积物可能含有相当数量的碎屑钨铁矿。

钨矿床位于约 3.7 km 长、1.5 km 宽的范围内,但具有经济重要性的矿点位于约 1.8 km、长 0.85 km 宽的范围。该地区东北方向的矿床为硫化物类型,表面显示为铁帽。许多矿脉在该地区出露出来,其中37 条最有前途的,都是在莱拉(Lela)的观点上,已经被详细描述。矿脉从北纬几度到北纬 40°之间,但大部分在北纬 10°~25°,并形成一个向东北方向发散的扇形图案。一般来说,矿脉向矿化区域的中部倾斜50°或更多,但也有许多例外。大多数矿脉的厚度不足 1.5 m,但有些约有 3.6 m 厚。个别的矿脉在长度上差别很大,但有些矿脉可以沿着矿带追踪到 460 m。

二、油气资源

截至 2010 年,古巴石油探明储量为 $6.82×10^8$ t,天然气探明储量 $2.94×10^{10}$ m^3。其中古巴北部前陆盆地石油探明储量为 $6.75×10^8$ t,占全盆地资源量的 96.5%;天然气探明储量 $272×10^8$ m^3,占全盆地资源量的 3.5%。古巴中部盆地石油探明储量为 $6.36×10^6$ t,占全盆地资源量的 97%;天然气储量 $2.264×10^8$ m^3,占全盆地资源量的 2%。

古巴地区目前已发现 34 个油气田,其中古巴北部油气区 27 个,主要位于古巴北部前陆盆地前陆冲断带陆上部分;古巴南部油气区 7 个,主要位于古巴中部盆地区(见图 2-2)。

古巴的石油地质条件与其相邻的墨西哥湾是类似的,由于发育巨厚的海相中生界烃源岩和与其配套的储盖组合,勘探潜力巨大。古巴地区发育多种类型的油气藏,具有良好的烃源岩条件,有利的生储盖组合也为古巴地区油气成藏打下了基础。

古巴北部前陆盆地储层主要为侏罗系、白垩系及上覆始新统,岩性为深水型灰岩、台地相灰岩、角砾岩、砂岩及火山岩。储集类型主要为碳酸盐岩缝洞、碎屑岩裂缝及粒间孔。其中,侏罗系及下白垩统储层孔隙度约为 14%,渗透率小于 $200×10^{-3}$ μm^2;上白垩统孔隙度为 12%~18%,平均值为 13%。古巴中部盆地储层主要为上白垩统火山岛弧及上覆沉积岩,包括灰岩、火山碎屑岩、凝灰岩及砂岩。其中上白垩统灰岩孔隙度为10%~25%,平均值为12%。

古巴地区盖层主要为储集层的层间页岩,如古巴北部油气区的卡米塔(Carmita)组、康斯坦西亚(Constancia)组、埃斯佩兰萨(Esperanza)组、哈瓦那(Habana)组、玛格丽塔(Margarita)组及维加(Vega)组的层间页岩。古巴北部前陆盆地下白垩统康斯坦西亚组及特罗查(Trocha)群储层属于致密灰岩(见表3-1),亦可以作为盖层进行有效封堵形成岩性地层油气藏。下白垩统的圣特雷莎(Santa Teresa)组盖层为层间页岩及凝灰岩。中生界火山岩则是一种比较特殊的储层,裂缝的生成使得地层具有一定孔隙度及渗透率,可以作为油气储集体,同时受到周围致密蛇纹岩的封堵形成孤立的小型地层油藏,但由于这些储层规模较小并且缺乏连通性,因此生产周期较短。

古巴地区油气藏以复合油气藏为主,包括构造油气藏、地层油气藏、岩性油气藏及不整合油气藏4种类型(见图3-5)。构造油气藏是古巴地区发育的最主要的油气藏类型,在古巴北部油气区及南部油气区均有发现。古巴北部地区油气主要聚集于褶皱冲断带中的各个构造地层单元,包括背斜油气藏、断层油气藏等,一般发育于冲断层上盘扭折带型褶皱处。此类油气藏代表为博卡德雅鲁科(Boca De Jaruco)、卡特尔(Cantel)和尤穆里(Yumuri)油田,以及古巴南部油气区皮纳(Pina)与克里斯特尔(Cristale)油田等大型油气田。

地层油气藏规模较小,主要为不整合油气藏,主要分布于古巴南部油气区。古巴南部油气区储集层为火山岩裂缝及岛弧序列内部的碳酸盐岩,盖层为层间页岩及上覆凝灰岩。这使得油气聚集于下部的裂缝型火山岩及裂缝型碳酸盐岩与上覆凝灰岩组成的不整合圈闭中,发育于克里斯特(Cristales)和哈蒂沃尼科(Jatibonico)油田。

岩性油气藏是古巴地区分布较为广泛的油气藏之一,在上侏罗统、中上白垩统、中生界火山岩及古新统中均有发现。由于古巴地区中上侏罗统及中下白垩统的储层多发育于烃源岩所在的层位,岩性较为致密,使得油气主要聚集于碳酸盐岩裂缝、蛇纹岩裂缝,以及砂岩透镜体中,由层间页岩或凝灰岩进行封堵,包括储集岩上倾尖灭油气藏与透镜体油气藏。此类油气藏普遍发育于古巴地区各个油气田。

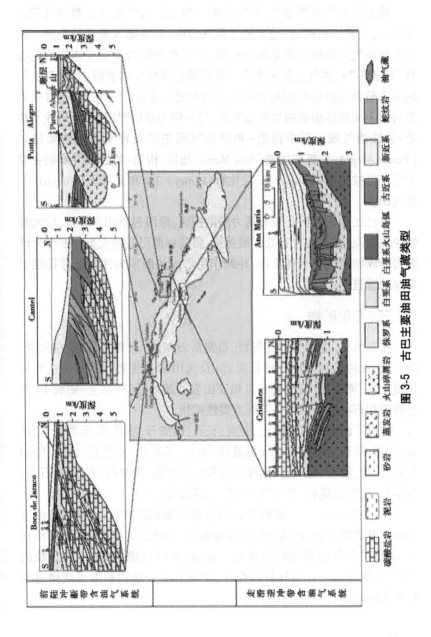

图 3-5 古巴主要油田油气藏类型

除上述油气藏类型外,不整合油气藏也是古巴地区主要油气藏类型之一,主要包括构造-地层油气藏及构造-岩性油气藏两种类型。古巴北部油气区储层主要是碳酸盐岩、砂岩和角砾岩及推覆体中的蛇纹岩(见表3-2),油气主要聚集在轻微褶皱的碳酸盐岩裂缝中,受到上部地层不整合及断层的侧向封堵而形成构造-地层油气藏,在砂岩中则多为由尖灭砂体形成的岩性油气藏,另一侧为断层封堵,从而形成了构造-岩性油气藏。其中构造-地层油气藏主要发育于蓬塔阿莱格尔(Punta Alegr)、安娜玛丽亚(Ana Maria)地区,构造-岩性油气藏则主要发育于巴拉德罗(Varadero)、丘比特(Cupey) 1X 和尤穆里(Yumuri)等油气田。

古巴北部油气区是较有潜力的勘探区,原因包括四个方面:较大规模烃源岩及储层;发育有效区域盖层;弧陆碰撞形成的大型冲断带为烃源岩的成熟提供了有利条件;冲断作用形成的断层为油气运移提供了良好的通道。

三、工业矿物

在古巴,工业矿物中石灰岩(石灰质石灰岩、泥灰岩、钙质白云岩、白云岩、大理石和大理石状石灰岩)及火山岩占优势。其中更重要的是凝灰岩、沸石凝灰岩、玄武岩和安山岩。此外,还有黏土、膨润土、聚合质砂和石英岩砂的次一等级重要性矿物。

古巴广泛分布有高岭土、泥炭、长石、磷酸石、重晶石、石英岩、花岗岩、石膏、钙长岩、辉长岩、火山玻璃、砂岩、石英岩、菱镁石、云母、棕榈石矿、岩盐、燧石、硅灰石、温性石棉和角闪石棉、猫眼石、石榴石、石墨、蓝晶石、次生石英岩、英安岩、硅藻土、闪岩及闪长岩。

在发展对该国工业矿物和岩石设施的知识的同时,地质制图学也取得了突出的进展,包括对沉积盆地的深入研究,以及对非金属矿产资源、金属矿产资源和燃料的预测。这样,就可以确定约 75 个品种的2 000 多种非金属有用材料的存在,并对其主要结构和形成规律进行系统化和概括。

表 3-2 古巴含油气盆地储层特征

层位		岩性	孔隙度/%	渗透率/(10^{-3} μm²)	储层类型	代表油田
始新统	Sagua 组	角砾岩			砂岩、砾岩粒间孔	Boca De Jaruco，Penas Altas
	Grande 组	碳酸盐岩、角砾岩、砂岩			砂岩、砾岩粒间孔	Boca De Jaruco，Penas，Altas
	中生代火山岩单元	蛇纹岩			蛇纹岩裂缝	Bacurana-Cntz verde，Camarioca，Cantel，Jarahueca，Motembo，Santa，Maria，del Mar
	Isabel 组	凝灰岩、凝灰角砾岩	14~25		凝灰岩裂缝	Cristales
	Jiquimas 组	礁体、火山碎屑岩、砂岩			碳酸盐裂缝、火山岩裂缝、砂岩裂缝	Cristales
上白垩统	Cotorro 组	灰岩、凝灰岩			灰岩裂缝、海相凝灰岩裂缝	Mamonal，Reforma
	Catalina 组	灰岩、砾岩、角砾岩	10~25 平均12		灰岩裂缝、晶间孔、砾岩裂缝	Catalina
	Habana 组	致密砂岩、凝灰岩、灰岩			砂岩、凝灰岩及浅水灰岩裂缝	Bacuranao-Cruz Verde
	Via Blanca 组	砂岩、深水灰岩	12~18 平均15		浊流砂岩及深水灰岩裂缝	Boca de Jaruca
	Amaro 组	浊积岩及深水灰岩	12~18 平均13		重力流砂岩、深水灰岩裂缝	Boca de Jaruca
	Carmita 组	破碎深水灰岩			深水灰岩裂缝	Camarioca，Guasimas，Varadero Sur

续表 3-2

层位		岩性	孔隙度/%	渗透率/(10^{-3} μm²)	储层类型	代表油田
下白垩统	Santa Teresa 组	灰岩			灰岩裂缝	Camarioca, Gantel, Guasimas, Vamdero Sur
	Esperanza 组	深水灰岩			深水灰岩裂缝	Martin Mesa
	Constancia 组	碎屑灰岩	14	<200	灰岩裂缝, 白云岩粒间孔	Litoral Piedra, Marbella, Puerto Escondido
	Margarita 组	深水灰岩			灰岩裂缝	Marbella, Cupery 1 X
上侏罗统	Veloz 组	深水碎屑灰岩			灰岩裂缝	Puerto Escondido
	Trocha 群	台地相灰岩			深水灰岩裂缝	Litoral Piedra, Marbella
	Cifuentes 组	深水灰岩	14	<200	深水灰岩裂缝	Puerto Escondido

在这方面,已经有了建立和研究:石灰岩、白云质石灰岩、泥灰岩沉积100多个,计算资源超过1.3亿 m³;钙长岩、砂岩矿床30余个,计算资源超过1.5亿 m³;安山岩、玄武岩、辉长岩、花岗岩地点30多个,计算资源超过4亿 m³;砂砾矿床100余处,计算资源3亿 m³,观赏岩石地点25余处,计算资源约3 500万 m³,主要为不同颜色、纹理的大理石状石灰岩,装饰可能性大;黏土和泥灰岩矿床110余处,资源超过2.2亿 m³;水泥碳酸成分石灰石、泥灰岩、大理石沉积25余处,资源超过4.8亿 t;水泥黏土、高岭土、砂岩、砂、长石、泥灰石35处以上,资源计算超过9亿 t;8处(含红土尾矿和铜锌铅硫化物),计算资源4 000多万 t;超过10个火山灰(玻璃和陶瓷凝灰岩)矿床,资源计算超过8 000万 t;岩石宝石(石玻璃、玉髓、玛瑙、茉莉玉、燧石、蛋白石、紫水晶和玉石)。

目前,对超过238.87万 m³的白、灰、黑大理石资源进行了研究和扩大,确定其地层地质背景与石灰岩和弧形花岗岩接触变质有关。用于观赏的大理石或变质碳酸化岩,以及碳酸钙在古巴干旱地区有三个资源储量超过400万 m³矿床。

古巴拥有重要的工业矿物和岩石数据库,由该国地质分支机构(ONRM,IGP,GEOMINERA,MICONS,MINEM 等)提供、维护和保护。除操作工作外,这些数据库几乎全部是数字支持和印刷形式(有些是手稿)(见表3-3)。

表3-3 古巴工业岩石和矿物的造矿性特征

地质构造背景	矿物	成因	时代	资源量(百万 t)	典型矿床
岩浆岩成因					
白垩纪花岗岩-花岗闪长岩-白垩纪火山弧深成岩	花岗岩类	侵入	K₂	23.4	Piedrecitas
白垩纪火山弧岩的上白垩纪火山颈	安山岩/花岗岩	侵入	K₂	242.3/83.3	Arriete;El Cuero; Ciego lonso/Peña Blanca
下白垩纪火山弧地层	安山岩	喷出	K₁	9.1	Rebacadero
白垩纪火山弧岩的上白垩纪火山颈	安山岩	侵入	K₂	27.5	Jicotea-Jose San Mateo; La Mulata

续表 3-3

地质构造背景	矿物	成因	时代	资源量 （百万 t）	典型矿床
上白垩纪火山弧地层	安山岩/ 玄武岩	喷出	K_2	208.7/ 24.6	El Pilón; Flor de Mayo/San José
矮背盆地古新世火山 弧地层	长石	交代	K_2	8.1	El Purnio
火山岩的演化及轴向 岩屑古新世火山弧地层	安山岩	喷出	E_1-E_2 (e_5)	167.8	Botija; Los Guaos Ⅱ
经向蛇绿岩套的浅层 辉长岩侵入体	辉长岩	侵入	K_2	412.1	Serones Ⅱ-La Prudencia
变质成因					
中生代变质增生松地 体	大理石/ 云母/ 蓝晶石	变质	J_3-K_1/ J_2-J_3	13/0.72/ 1.6	Punta Colombo; Piedra La Fe/El Aleman/Las Nuevas
白垩纪俯冲变质沉积 物和变质蛇绿岩埃斯坎 布雷地体	石英/ 大理岩/ 石榴石云 母/石墨	变质	J_1-K_1	0.04/2.8/ 17.4/3.4	Cacahual/El Mirador/ La Belleza/Algarrobo
白垩纪推覆侏罗纪陆 源沉积物瓜尼瓜尼科地 层	石英岩	变质	J_1-J_3	4.8	Bejuquera; Ceja del Negro; Llano de Manacas
高压变质蛇纹混合杂 岩	石英	伟晶	$J-K_1$	0.005	La Corea
矽卡热液成因					
白垩纪火山弧地层的 上白垩统沉积层	黄长石- 石榴石	硅卡岩	K_2	16.6	Arimao Norte
埃斯坎布雷变质地体 的绿片岩复合体	云母	热液 成矿	K_2	0.38	Crucesita-La Sabina; Higuanojo
上白垩纪火山弧地层	高岭土	热液 成矿	K_2	7.5	Pontezuela
火山碎屑成因					
上白垩纪火山弧地层	沸石	成岩 作用	K_2	47.7	Las Pulgas; El Chorrillo

续表3-3

地质构造背景	矿物	成因	时代	资源量 （百万t）	典型 矿床
矮背盆地古新世火山弧地层	沸石	成岩作用	K_2 (e_{4-5})	20.4	San Cayetano
白垩纪火山弧地层的上白垩统沉积层	沸石	成岩作用	K_2	2.3	San Andrés–Loma Blanca
上白垩纪火山弧地层	沸石/凝灰岩	成岩作用	K_2	139.48/ 20.8	Carolina Ⅱ；Orozco Ⅰ； Tasajera/La Victoria
矮背盆地古新世火山弧地层	沸石/玻璃质凝灰岩	成岩作用	$E_1^1-E_2$ (e_{4-5})	66.31/ 102.6	Palmarito de Cauto；Seboruco； Caimanes；Palenque/ El Lirial；Amansaguapo； Ají de la Caldera
沉积成因					
中新统–第四系沉积物覆盖层	凝灰岩/泥灰岩	生物成因	Q_2	79.25/ 1.8	Ciénagas de Lanier-Zapata； Majaguillar；Playa Guanímar/ Maracayero/El Soldado； Monte Gordo；Jutía
中新统–第四系沉积覆盖	砂/石英砂	碎屑	Q/Q_1	201.01/ 90.4	Cayo Inés de Soto；Arimao； Pilotos；Imías；Río Bayamo； RíoArimao；Tacre-Cajobabo； Indios Norte；Río Guantánamo； El Angel/Siguanea；Panzacola Ⅰ
巴哈马高原地体（底辟）白垩系–侏罗系推覆蒸发沉积	石膏/岩岩	蒸发	J_1-J_2	198/ 22.24	Corral Nuevo-Canasí；Punta Alegre-Máximo Gómez；Punta Alegre-Mamon/Punta Alegre
渐新统–中新统沉积覆盖层	磷矿	生物化学	E_3-N_1	37.95	Trinidad de Guedes；Meseta Roja；Loma Candela Norte；Cañada Honda
中新统–第四系沉积覆盖洛斯帕拉西奥斯盆地	黏土	碎屑	$N_2^2-Q_1^1$	102.58	Ullao；Bayamo；San Rafael； Aguadores；Contramaestre； Caney del Sitio

续表 3-3

地质构造背景	矿物	成因	时代	资源量 (百万 t)	典型矿床
中新统-第四系沉积覆盖卡托谷	黏土	碎屑	$N_2^2-Q_1$	124.1	Ullao；Bayamo；San Rafael；Aguadores；Contramaestre；Caney del Sitio
渐新统-中新统沉积覆盖	黏土	碎屑	N_1-Q	187	Rodas-Abreu；Coloradas Ⅱ；Rio Caunao；Castano-Siguaney；La Fortuna；Sancti Spiritus Zona Ⅲ A；Charco Soto；La Pachanga；Ciego de Avila；Las Tunas Zona Ⅻ；La Naza
古新世火山弧地层远端浊积盆地	黏土	浊流	$E_2^2-E_2$ (e_3)	4.52	Novaliche；Platanillo；Maceiras Carretera
古新世火山弧陆盆地远端浊积	黏土	碎屑	$Q_1^3-Q_2$	2.7	El Quinto；Maceiras Vaquería
渐新统-中新统沉积覆盖层	膨润土	碎屑	$E^3(e_9)-N_1^3$	21.52	Santiago de Las Vegas；Managua；Bauta；Redención
中新统-第四系沉积覆盖层	膨润土	碎屑	$Q_1^3-Q_2$	21.29	Chiqui Gómez；Vado del Yeso
前陆盆地的下古生界滑塌堆积	石灰岩	碎屑	$E_1^2-E_2$ (e_4)	350.14	La Lata-Teté Contino；El Chivo-Quiñones；Quiñones-El Llano；La Molina；Senado
上中始新统马斯特里赫特阶背负卡巴关盆地	石灰岩	碎屑	$E_2(e_4)-E_2^2$	248.87	Seboruco；Nieves Morejón
中生代变质共生钙质砂岩	石灰岩	碎屑	J_3-K_1	75.46	Lagunitas-Km 13 Viñales
白垩系-中生代推覆钙质碎屑沉积巴哈马地台斜坡	石灰岩	碎屑	J_3-K_1	1 071.58	Los Azores-Zulueta；El Purio；Jumagua-Cantera Lazaro Penton；Jiquí；Sierra de Cubitas；Los Caliches-Cantera 200 mil；Gibara-Los Caliches；LaYaya-Gibara-Velazco

续表 3-3

地质构造背景	矿物	成因	时代	资源量（百万 t）	典型矿床
瓜尼瓜尼科岩体白垩系-侏罗系推覆陆源沉积物	石灰岩	碎屑	J_3	30	Sitio Pena
埃斯卡姆布雷地层的白垩纪-推覆转移	石灰岩	碎屑	J_3	35.72	Trinidad Zona II
埃斯卡姆布雷地层的白垩系薄层推覆 J_3-K_2 陆相沉积	石灰岩	碎屑	J_3-K_2	163.93	La Reforma; La Muralla
始新统-第四系覆盖的下-中始新统基底沉积	石灰岩	碎屑	E_2^2-E_2（e_7）	22.08	La Caoba-Caraballo
维加斯-拉布罗阿-梅赛德斯-瓜卡纳亚博-尼佩盆地的渐新统-中新统沉积覆盖层	石灰岩	生物化学	$E_3(e_9)$-N_1^3	782.61	Sierra Anafe-La Cruz; Santa Teresa-Cantera II; Capellanía; Cantera Blanca; San Jose Sur-Camoa-La Moderna; Beluca; La Colina; La Union; Boca de Jaruco; Loma de Cura; Planta Libertad; San Antonio de Cabezas; Coliseo; Cantel Zona I; Calera José Martí; Pilon; Levisa
中新统-第四系沉积物覆盖层	石灰岩	生物化学	N_2^2-Q_1^3	900.42	Jaimanitas Zona Guajaibón; Rio Mosquito; Jaimanitas Matanzas; Monte Alto; Carbonato Cayo Piedra; Aguadores Este; Cabo Lucrecia
白垩纪火山弧地层的上白垩统沉积层	石灰岩	生物化学	K_2（k_5-k_6）	125.79	Real Campiña; La Matilde; Rodolfo Rodriguez; Guayacán

续表 3-3

地质构造背景	矿物	成因	时代	资源量 （百万 t）	典型矿床
古新世火山弧地层的中新统-第四系沉积物覆盖层	石灰岩	生物化学	E_2 (e_2-e_5)	681.83	Rio Frio；La Inagua；La Aurora-San Rafael；Farallones de Moa；Julio A. Mella；Mucaral-La Maya；Rosa Aurora；El Cacao
上始新统-下中新统过渡性沉积物覆盖层	石灰岩	生物化学	$E_3(e_9)-$ N_1^1	61.15	San Antonio del Sur
古新世火山弧地层的弧后始新世沉积物	石灰岩	生物化学	E_1^1- $E_2(e_5)$	25.92	Mogote San Nicolas
中新统-第四系沉积物覆盖层	泥灰岩	生物化学	$N_1^1-N_1^3$	2 288.24	Matanza-Bacunayagua；Aguadores Oeste
梅赛德斯盆地的渐新统-中新统沉积层	泥灰岩	生物化学	$E_3(e_9)-$ N_1^3	3.38	Simpatía-Ⅱ
上马斯特里赫特阶-中始新统背负圣克拉拉盆地	泥灰岩	生物化学	K_2- $E_2(e_5)$	70.71	Las Pilas
白垩纪火山弧地层的上白垩统沉积层	泥灰岩	生物化学	$K_2(k_6)$	205.19	Loma Cantabria
中下始新统基础沉积物的始新统-第四系覆盖层	泥灰岩	生物化学	$E_2(e_5)$	5.18	Trinidad-Santa Rosa
始新统-渐新统沉积覆盖层	泥灰岩	生物化学	$E_2(e_7)$	142.63	Pastelillo
中新统-第四系沉积覆盖层	白云岩	生物化学	$N_1^1-N_1^3$	1.50	Vedado

续表 3-3

地质构造背景	矿物	成因	时代	资源量(百万 t)	典型矿床
拉布罗亚梅赛德斯盆地渐新统-中新统沉积覆盖层	白云岩	生物化学	$N_1^1-N_1^3$	119.26	Puerto Escondido；Alacranes；Perico；La Montana
中新统-第四系沉积覆盖层	钙质泥	生物化学	Q_2	30.89	Cayo Moa Grande
白垩纪火山弧地层上白垩统沉积覆盖层	砂屑灰岩	碎屑	K_2(上 k_6)	257.10	La Fe-La Colorada-La Concordia；Victoria Ⅱ-Ⅲ-Ⅳ；Arenisca Matanzas-Navarro；Arango-Miraflores；La Guayaba Sector Ⅱ；Peñalver；San Luis Ⅱ
表层成因					
中生代变质共生地层	高岭土	残留	N_2-Q	47.5	Río del Callejón；Siguanea
瓜尼瓜尼科地层白垩系-侏罗系推覆陆源沉积物	重晶石	残留	N_2-Q	0.24	Francisco
瓜尼瓜尼科岩层白垩纪薄层推覆 J_3-K_1 陆源沉积物	高岭土	残积	N_2-Q	5.7	Malcasado
瓜尼瓜尼科岩层白垩纪薄层推覆 J_3-K_1 陆源沉积物	含铁黏土	残积	N_2-Q	0.29	Olga
中生代变质增生坎格雷地体	黏土	残积	N_2-Q	15.9	Esquistos Paso Viejo
浅海岩石圈 J_3-K_1 卡巴拉蛇绿岩混合物	含铁黏土	残积	N_2-Q	11.3	Cajálbana

续表 3-3

地质构造背景	矿物	成因	时代	资源量 （百万 t）	典型矿床
渐新统-中新统沉积层覆盖洛斯帕拉西奥斯盆地	黏土	残积	Q_1-Q_2	10.7	La Conchita
渐新统-中新统沉积层覆盖拉斯维加斯盆地	黏土	残积	Q_1-Q_2	0.4	El Jardín
渐新统-中新统沉积层覆盖拉布罗阿盆地	黏土	残积	Q_1-Q_2	0.2	Sabanilla
白垩纪火山弧岩层的上白垩统沉积盖层	含铁黏土	残积	Q_1-Q_2	5	Palanquete
多晶蛇纹石混合岩	菱镁矿	残积	Q_1-Q_2	0.01	Las Minas
白垩纪火山弧岩层的白垩纪花岗岩-花岗闪长岩深成岩体	石英石砂	残积	N_1-Q	48.5	Cumanayagua-El Canal
白垩纪火山弧岩层的白垩纪斜长花岗侵入性岩	石英石砂	残积	N_1-Q	22.3	La Macagua-El Salto
白垩纪火山弧岩层的白垩纪花岗岩-花岗闪长岩深成岩	黏土	残积	N_1-Q	9.6	Carranchola-La Moza
白垩纪火山弧岩层的白垩纪花岗岩-花岗闪长岩深成岩	砂、砾石	残积	N_1-Q	14.3	Jíquima-Alfonso
白垩纪火山弧岩层的白垩纪花岗岩-花岗闪长岩深成岩	砂	残积	N_1-Q	66.2	Granodiorita-Sancti, Spiritus-Aeropuerto

续表 3-3

地质构造背景	矿物	成因	时代	资源量（百万 t）	典型矿床
白垩纪火山弧岩层的白垩纪闪长侵入岩	砂	残积	N_1-Q	34.6	Venegas
白垩纪钙碱性弧玄武岩	黏土	残积	N_2-Q	16.1	Sabana Grande
白垩纪火山弧岩层的白垩纪花岗岩-花岗闪长岩深成岩	砂	残积	N_1-Q	6.2	Corojo
始新统-渐新统沉积层覆盖	含铁黏土	残积	Q_1-Q_2	17.5	El Cebadero
白垩纪火山弧岩层的白垩纪花岗岩-花岗闪长岩深成岩	长石石英砂、砾石	残积	N_1-Q	110.25	La Mota; La Conchita; Cascorro; Las Tunas II; Galbis; Las Canoas-Dolores
上白垩纪火山弧地层	含铁黏土	残积	N_1-Q	0.095	Golden Hill
古新统火山弧岩层的火山岩和轴向岩屑序列	黏土	残积	$E_2(e_5)$-Q	98.1	Guamuta; La Sierrita; Vega Grande; Sabicú
古新统火山弧岩层的浅层辉长花岗岩侵入岩体	黏土	残积	N_2-Q	0.01	
古新统火山弧岩层的火山岩和轴向岩屑序列	高岭土	残积	N_2-Q	0.05	
中始新统英云闪长岩-花岗闪长岩	砂	残积	N_2-Q	118.4	
古新世火山弧岩层的白垩纪辉长岩-花岗闪长岩深成岩	黏土	残积	N_2-Q	16.4	Santa Isabel

续表3-3

地质构造背景	矿物	成因	时代	资源量 （百万 t）	典型矿床
古新世火山弧岩层的造山基底的远浊积岩	膨润土	残积	N_2-Q	4.3	La Caoba
早白垩纪火山弧的碱性火山岩和沉积物序列	黏土	残积	N_2-Q	0.325	Arroyo del Medio
上始新统-下中新统瞬时沉积盖层	黏土	残积	N_2-Q	2.5	La Clarita
南部蛇绿岩套的镁铁质辉长岩堆积体	黏土	残积	N_2-Q	2.5	Nuevo Mundo

(一)古生代堆积地体

包括瓜尼瓜尼科(Guaniguanico)地体、佛罗里达-巴哈马(Florida-Bahamas)大陆边缘的平台状区域,以及变质的加勒比陆地(坎格雷、皮诺斯和埃斯坎布雷)(Cangre,Pinos and Escambray)。

瓜尼瓜尼科的主要工业矿物和岩石有:石英岩矿床,如贝朱奎拉、塞加德尔内格罗和马纳卡斯拉诺(Bejuquera,Ceja del Negro and Llano de Manacas);生化石灰岩,如西蒂奥佩纳、拉雷福马和拉穆拉拉(Sitio Pena,La Reforma and La Muralla);风化表生(残余)重晶石(弗朗西斯科)、高岭土(马尔卡萨多)和含铁黏土(奥尔加)。

在佛罗里达-巴哈马的平台上是生化石灰岩,由几十种沉积物组成,如洛斯亚速尔-祖鲁埃塔、埃尔普里奥、吉基伊、库比塔斯山脉、洛斯卡利切斯、吉巴拉、拉亚亚(Los Azores-Zulueta,El Purio,Jiquí,Sierra de Cubitas,Los Caliches,Gibara,La Yaya)等。还有侏罗系蒸发石膏和平台内河道(卡约科可单元)的岩盐矿床,构成了新卡纳西、阿雷格雷-马克西莫戈麦斯、阿雷格雷蓬和阿雷格里蓬(Corral Nuevo-Canasí,Punta Alegre-Máximo Gómez and Punta Alegre-Mamon y Punta Alegre)的大型矿床。

(二)加勒比海地体

加勒比海地体包括几个矿物地质动力学情况:蛇绿岩系列、白垩纪弧复合体、梅塔(Meta)白垩纪火山弧复合体(马布吉纳)、古生代弧复合体和一系列造山成因盆地。

蛇绿岩系列包含了在海洋内地球动力学和超俯冲情景下产生的矿物,以及蛇形熔岩矿脉,也是在新平台条件下风化生成的。与它们有关的工业矿物和岩石有:辉长岩(Serones Ⅱ-La Prudencia)、超镁铁岩(卡贾巴纳)上的含铁黏土和辉长岩(Nuevo Mundo)上的含铝黏土,以及残余菱镁矿(Las Minas)。

白垩纪弧杂岩延伸至全国,在该区的中东部有更多的发育。它包含古巴的另一个工业矿物和岩石:花岗岩(Piedrecitas,PeñaBlanca)、安山岩(Jicotea-José,San Mateo,La Mulata,ElPilón,Flor de Mayo)、凝灰岩(La Victoria)、沸石(Las Pulgas,El Chorrillo,SanAndrés-Loma Blanca,Carolina Ⅱ,Orozco Ⅰ,Tasajera)、高岭土(Pontezuela)、铁质残余黏土(Palanquete,Carranchola-La Moza,Sabana Grande)、石英砂(Cumanayagua-El Canal,La Macagua-El Salto)、砂砾(Jíquima-Alfonso)、砂(Granodiorita-Sancti Spiritus,Aeropuerto,Venegas,Corojo)、长石-石英岩、砂岩(La Mota,La Conchita,Cascorro,Las Tunas Ⅱ,Galbis,Las Canoas-Dolores)、铁质残余黏土(Golden Hill)和残留黏土(Arroyo del Medio,Sabana Grande)等。

梅塔(Meta)白垩纪火山弧复合体(马布吉纳)包含由被小伟晶体侵入的角闪岩和含云母和后变质的石英矿脉。

海底沉积盆地地体从坎潘期晚期到始新世晚期,它们构成了一个广泛的前陆盆地(从里约西北部到奥尔金的吉巴拉),具有石质序列。此外,古巴蛇榄岩白垩纪的K_2沉积覆盖层,以及一系列小的背负盆地,主要发展在古近纪早期,到上部裂缝的背面,除粉砂质和钙质沉积物外,还包括碎屑物质,在古巴东部为火山碎屑岩,有时是熔岩。

与古巴工业矿物和岩石有关的白垩系沉积层:沸石(San Andrés-Loma Blanca)、石英岩(Real Campiña,La Matilde,Rodolfo Rodriguez,Guayacán)、泥岩(Loma Cantabria)、石灰岩(La Cooperativa,La Fe-La

Colorada-La Concordia, Victoria Ⅱ-Ⅲ-Ⅳ, Arenisca Matanzas-Navarro, Arango-Miraflores, La Guayaba Sector Ⅱ, Peñalver, San Luis Ⅱ), 铁质残余黏土(Palanquete)和硅灰石-矽卡岩石灰岩(Arimao Norte)。

前陆盆地下古近系的少层序列是相关的石灰岩沉积(La Lata-TetéContino, ElChivo-Quiñones, Quiñones-El Llano, La Molina, Senado)和黏土(La Naza)。

对于背覆盆地,古巴的工业矿产与岩石基本上与白垩纪末期的上马斯特里赫特期-中始新世有关,在国家中部发展有:西恩富戈斯省、维拉克拉拉省、阿维拉和卡马圭省,那里沉积泥灰岩(Las Pailas)、石灰岩(Nieves Morejón, Seboruco)和黏土(Colorada Ⅱ)。与下丹尼阶-始新统的负带盆地相关的黏土沉积层有关。

古近纪火山弧的地域是在该国的东部地区发展起来的:从马埃斯特拉山脉,直到开曼山峰。在远离加勒比海水域的陆地部分,它们在各种矿种——金属和非金属矿有丰富的赋存,主要包括轴向区域和弧后盆地。

与弧的轴向区域,以下工业矿物和岩石相关:安山岩(Botija, Los Guaos),高岭土(El Cobre),一些残留的砂风化岩沉积物(Daiquirí, Juraguá, Las Guásimas, El Refugio, Sector Ⅲ, La Punta, Damajayabo Ⅱ)和一些残留黏土(Guamuta, La Sierrita, Vega Grande, Sabicú, El Marañonal)。

与弧线的钙质沉积层有相关的石灰岩沉积物(Rosa Aurora, El Cacao, Río Frío, La Imagua, Aurora-San Rafael, Mucaral-La Maya, Julio Antonio Mella, Mogote, San Nicolás, Farallones de Moa)。

除沉积覆盖层外,其他与古生性弧相关的盆地也含有工业矿物和岩石。这样,在弧后盆地有沸石矿沉积物(Palmarito de Cauto, Seboruco, Caimanes and Palenque)、玻璃凝灰岩(Amansaguapo, El Lirial, Ají de la Caldera)、凝灰岩(Palmarito de Cauto)和工业矿物还包括中始新统和上始新统的造山成因盆地,这些盆地构成了古巴东南部一块广阔的内陆领土。这些盆地具有浊生陆源性质,具有古近细弧岩石及其钙质覆盖层的侵蚀岩屑,属较近和远端浊生岩。远端浊积土起源于黏土沉积物(Platanillo, Maceira, Carretera, Novaliche),也扩散到一系列冲积黏土沉积物(El Quinto,Maceira,Vaquería,Ullao,et al),从更近的浊积土形成冲积砂(Imías),位于相同的地点。

第三节　成矿带划分

古巴矿产资源丰富,分布范围较广,但也有其内在分布规律。根据古巴优势矿产资源分布及潜力情况,主要划分如下(见图3-6)。

(1)西北部的 Pinar 断层北部的尤卡坦构造单元,中生界地层,赋存有铅锌、铜、钨及金矿床,主要代表有联合–胡安马努埃尔(Union-juan Manuel)和圣卢西亚–卡斯特利亚诺(Santa lucia-castellano)。

(2)中部火山岛弧构造单元中北部中生界变质岩体和白垩系火山弧赋存铜、金、银、铅锌等矿床,主要代表有卡洛塔–瓜其南哥(Carlota-guachinango)和圣费尔南多–安东尼奥(San fernando antonio)。

(3)在巴哈马构造单元和中部火山岛弧构造单元南部区域的蛇绿岩带和白垩系火山弧地层赋存镍、钴、铬、铜、钼、金等矿床,以特雷斯安特纳斯(Tres Antenas)、圣费利佩(San Felipe)、帕洛塞科(Palo seco)和金山(Golden hill)等矿床为代表;南部火山岛弧和巴哈马构造单元结合部的 Nipe-Guacanayabo 断层两侧分布大量的镍、钴、铁、金、铜等矿床,主要代表有莫阿(Moa)、加玛丽奥卡(Camarioca)、比纳莱斯得玛雅里(Pinares de Mayari)和乐维萨(Levisa)等。

(4)古巴的锰矿主要分布在南部火山岛弧构造单元的南部,有吉萨–洛丝内格罗斯(Guisa-Los negros)和克里斯托–波努波–洛丝奇沃斯(Cristo-Ponupo-los Chivas);青年岛北部中生界变质岩体赋存有金、银、锑、钨等矿床,主要代表有德利塔(Delita)和菜拉(Lela)等。

(5)古巴北部的古巴前陆盆地及古巴中部盆地为古巴的油气资源赋存及勘探前景区。古巴前陆盆地储层主要为侏罗系、白垩系及上覆始新统,岩性为深水型灰岩、台地相灰岩、角砾岩、砂岩和火山岩。储集类型主要为碳酸盐岩缝洞、碎屑岩裂缝及粒间孔。古巴中部盆地储层主要为上白垩统火山岛弧及上覆沉积岩,包括灰岩、火山碎屑岩、凝灰岩及砂岩。

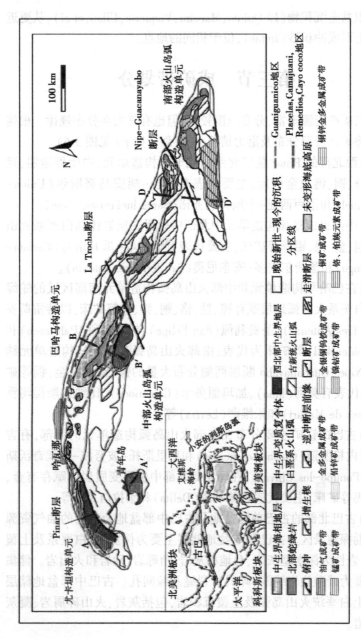

图 3-6 古巴成矿带划分及区域地质简图

第四章 矿产勘查开发现状

第一节 矿产勘查工作程度

一、镍矿勘查

古巴的镍矿工业出现于1943年,由美国自由港硫黄公司(Freeport Sulphur)将第一个工厂建立在潘加罗(Lengua de Pajaro)尼卡罗(Nicaro)。该公司在20世纪30年代末取得了古巴东北部地区奥库贾尔(Ocujal)和马雅里皮那雷斯(Pinares de Mayari)现存红土矿藏的开发权。

在之后的第二次世界大战期间,因美国军工业需要大量的镍,该公司获得了美国政府的资助。1947年,镍的需求量减少,尼卡罗(Nicaro)的工厂关闭。到了1950年,美国的军工业开始需要大量的镍矿,又重新开始了在古巴的生产活动。1951年,该公司与尼卡罗镍加工公司达成协议,1952年重新开始工厂的运营,同时工厂申请了信贷,以提高生产能力。

1956年底,莫阿市开始了第二个镍工厂的施工,投资商就是自由港硫黄公司和尼卡罗镍业公司。项目的承包商是弗雷德里克斯纳尔公司(Frederick Snare Co.),工厂的运营由莫阿湾矿业公司(Moa Bay Mining Co.)负责。

这两个工厂在1959年收归古巴国有,因为原所有人不同意按照古巴法律的规定纳税。采用新技术建成的莫阿工厂被原所有人停运废弃。但是,在德梅特里奥·普雷西利亚·洛佩斯(Demetrio Presilla Lopez)带领的一小组古巴技术人员的努力和苏联(URSS)的帮助下,莫阿工厂得以重新运营,且在很短的时间内就达到了更高的生产水平。

1972 年 12 月与苏联(URSS)签订协议后,菲德尔于 1973 年 2 月 15 日对采矿区域进行视察,借机制定了古巴东北部地区的发展规划。规划中包括恢复使用尼卡罗(Nicaro)雷内·拉莫斯·拉图(René Ramos Latour)司令工厂和莫阿佩德罗·索托·阿尔巴(Pedro Sotto Alba de Moa)司令工厂,以及新建一个镍生产厂,即项目 304,也就是今天位于莫阿省(Moa)蓬塔格尔达(Punta Gorda)镇的埃内斯托·切·格瓦拉(Ernesto Che Guevara)司令公司。

自 1973 年起,古巴的镍矿工业逐渐发展起来。1980 年已经创建了多个工厂。1986 年,上述埃内斯托·切·格瓦拉(Ernesto Che Guevara)司令公司投入运营,后来成立了拥有约 1.5 万名工人的古巴镍业集团(CUBANIQUEL),开始了生产活动。

20 世纪 90 年代,古巴失去了最主要的进出口市场。但是,国家领导人仍然决定配置资源发展镍矿现代化工业,佩德罗·索托·阿尔巴(Pedro Sotto Alba)工厂与加拿大谢里特(Sherritt)公司的合作促进了该行业 1995 年以后的复兴和发展,后来年生产能力超过了 7 万 t;尼卡罗(Nicaro)拉莫斯·拉图(Ramos Latour)工厂直到 2012 年才停产。由此,古巴成为世界上镍和钴产量最大的十个国家之一。

两个生产厂和雷内·拉莫斯·拉图(René Ramos Latour)工厂不再使用的矿物可以用作镍铁合金生产的原材料。关于古巴镍铁合金的生产,目前推测用于镍铁合金项目的储备层可以再维持 60 余年的开采活动。

2018 年古巴镍及硫化钴产量超过 50 000 t,收入有望高于 2017 年。在古巴,镍是最重要的出口产品,但受到产量及价格下跌影响,最近几年该国的镍出口收入受挫。2017 年古巴是全球第十大镍生产国,亦是全球第五大钴生产国。古巴 2018 年镍产量为 54 500 t。古巴并未公布最新的产量数据。

Cuba niquel 独家经营位于奥尔金省东部的切格瓦拉 Che Guevara 加工厂,并在同一地区与加拿大矿业公司 Sherritt International Corp 合资经营 Pedro Sotto Alba 工厂。

切格瓦拉(Che Guevara)加工厂计划生产 19 000 t 镍,Pedro Sotto

Alba 工厂将生产约 31 000 t。21 世纪前 10 年中,古巴平均生产镍和钴 74 000 t,但 3 个年代最久远的工厂不幸于 2012 年关闭,Che Guevara 加工厂也遭受飓风袭击并面临濒临荒废的厄运。

据古巴国家矿业资源中心报道,奥尔金东部的镍储备占世界已知镍矿资源的 30%以上,而该国其他地区也有着丰富的镍矿资源。Che Guevara 加工厂的产出主要出口至中国,Pedro Sotto Alba 工厂的产出出口至加拿大。

二、铁矿勘查

古巴矿业的铁矿生产开始于 20 世纪初,当时伯利恒钢铁公司(Bethlehem Steel Corporation)在玛雅里(Mayari)从古巴的红土矿(同生产镍的红土矿)中生产出了铜,该过程的第一个阶段是在玛雅里(Mayari)菲尔顿(Felton)建立了工厂。该公司利用旗下位于美国宾夕法尼亚州(Pensylvania)的设施完成了铜的加工过程。

最重要的铁矿包括:

(1)磁铁矿:黑色矿物,是所有矿物质中含铁比例最高的矿物。古巴圣地亚哥(Santiago de Cuba)以东的区域有一处矿藏,也就是比较著名的代基里(Daiquiri)。

(2)赤铁矿:含铁量约 70%,颜色各异,从黑色到砖红色不等。

(3)褐铁矿:与赤铁矿类似的褐色铁矿。当将其烘干时,褐铁矿会变得很像赤铁矿。主要位于古巴镍业集团(Cubaniquel)在奥尔金省(Holguin)的莫阿(Moa)、尼卡罗(Nicaro)和玛雅里(Mayari)矿区,以及卡马圭省(Camagüey)的圣费利佩(San Felipe)矿区。

三、铜矿勘查

除了镍,铜工业是古巴的第二大金属工业。位于圣何塞的 Conrado Bnietz 铜冶炼厂正是古巴唯一的炼铜厂。该厂从意大利和英国引进设备和人才,安装 2 座冶炼炉,年产铜 30 000 t。

加拿大的 Miarmar 矿业公司和澳大利亚的 Matlock 矿业公司收购了比那尔德里奥省 Hierro-Mantua 铜溶浸厂的部分股份。该溶浸工程的矿石储量估计为 3.9 Mt,铜品位 3.47%,年产铜可能达到 20 000 t,回收率为 80%。这两家公司还收购了青年岛上 Delilta 金矿床的部分股份,该矿床矿石储量约 7 Mt,金品位 3.5 g/t,银品位 31 g/t。

此外,Mac Donald 矿山勘探公司与联合矿产地质公司签订了一项在卡马圭省的 Florenica-Jojoba 矿地开采黄金的意向。总部设在多伦多的共和国金田公司根据一项与古巴国营 Geominera 公司组建联营企业的协议收购了 2 处主要矿地,总面积超过 2 100 km^2。

在古巴投资开发矿业的其他加拿大小公司中,Joutel 资源公司已与古巴政府签署了一项协议,花 4 年时间在面积达 4 662 km^2 的范围内勘探 3 处矿地的金属资源。Cairbgold 资源公司已与 Geomienra 公司签订了合资勘探 Joutel 公司 Santa Clara 矿地西北处一块矿地的协议。Holmer 金矿山公司将在圣费尔南多地区进行勘探。

加拿大的大型矿业公司也纷纷投资古巴的矿业。据报道,加拿大的主要镍生产商 Inco 正与澳大利亚的 BHP 公司和英国的 Rio Tinto 锌公司联合,向古巴政府申请勘探执照。加拿大的技术服务公司也不甘示弱。安大略的 Scintrex 公司已与 Geominera 公司签订一项组建合资企业的协议,根据这项协议,Scintrex 公司将开展航空勘探和其他与勘探有关的技术服务。据报道,安大略省的 Heath&shertood 国际公司已与 Geominera 公司组建一家命名为 Cubanex 公司的联营企业,对外承接钻探业务。

四、油气勘查

古巴对碳氢化合物开采的兴趣开始于 1945 年,在农业部的支持下,出版了一部名为《古巴柏油沥青油藏技术研究》的书,其中汇集了当时《矿业公报》发布过的信息。古巴沥青开采行业的发展并没有什么起色,尽管当时的工人和专家都记得从古巴出口了一小部分沥青到美国和英国,甚至纽约和伦敦的几条街道都是用古巴的产品铺筑的。

在 20 世纪 40 年代和 50 年代早期,古巴开始大力开展油井钻探活动,但也仅仅是在哈瓦那(La Habana)的北部海岸,瓜纳沃(Guanabo)、圣玛利亚(Santa Maria)、巴古拉娜奥(Bacuranao)和达拉拉(Tarara)海滩附近的几个小矿场旁边的哈蒂沃尼科（Jatibonico）地区开采了一个小型油藏，根据报道，该油藏在 1959 年的日产量为 600~800 桶石油。

自 1960 年起，古巴将之前被美国公司掌控的新兴石油工业逐渐收归国有，并成立了古巴石油研究院（ICP），开始了地质和地震研究的新阶段，逐渐踏上了发展的阶梯。但是，古巴的石油开采并没有取得可喜的成就，直到 1970 年在北部海岸、哈瓦那（La Habana）以东的哈鲁科河（Rio Jaruco）入海口附近发现了一个重要的油藏。

在这之前的两年，发现了瓜纳沃（Guanabo）油藏，该油藏发现后的第二年，古巴与苏联签署协议，通过对土壤地质的深入研究，共同开展石油的勘探和开采工作。十几年后，在哈瓦那（La Habana）以东、马坦萨斯（Matanzas）省的巴拉德罗（Varadero）和加玛丽奥卡（Camarioca）地区发现了几处规模不同的新油藏。

当时确认了在古巴，包括墨西哥湾地区（Golfo de Mexico）存在一处很厚的沉积矿区，由下侏罗纪、中白垩纪和古近纪、新近纪的岩石构成。国际知名的机构，如法国石油研究院和美国地质调查局（USGS）等均在古巴北部矿区计算出了大量的数据。美国地质调查局估算，忽略油藏储量增长不计，当地可开采 46 亿桶石油资源及 9.8 万亿 ft^3 的天然气。

自 1991 年以来，古巴的石油开采基本由外国公司包揽，开采总量达到了 14 000 多 km 地震测线。已划出 59 块矿区，其中包括墨西哥湾属于古巴境内的 112 km^2 区域。

20 世纪 90 年代，古巴急缺能源燃料，而国际市场上碳氢化合物的价格骤增，这种情况迫使处于不同阶段的开采工作加速进行。古巴成立了多个调研队伍，寻找不同地区的储集岩，同时开始进行重大的石油勘探工作。1991 年，基础工业部（MINBAS）启动了一个天然沥青计划。

1995 年，古巴国民议会通过了第 77 号法律《外商投资法》，吸引了主要来自于加拿大、拉丁美洲和欧洲的投资商。1999 年，古巴决定在墨西哥湾"古巴专属经济区"开展相关业务。当时，约占 2 000 km^2 的 49 个矿区开始进入谈判阶段。至 2000 年 12 月，其中 6 个矿区签署了协议。

与固态矿物采矿业不同的是,古巴拥有可以保证石油采矿业产品提炼的设施。古巴目前有 4 个生油提炼厂:科洛佩斯(Nico Lopez)[(哈瓦那(La Habana)]、迪亚兹兄弟(Hermanos Diaz)(古巴圣地亚哥[(Santiago de Cuba)]、塞尔吉奥索托(Sergio Sotto)[(圣斯皮里图斯(Sancti Spiritus)]和与委内瑞拉合资的公司卡米洛西恩富戈斯(Camilo Cienfuegos)。

五、工业矿物勘查

古巴对工业矿物和岩石的知识与开发可以追溯到古老的土著时期(8 世纪),在 1492 年西班牙征服者到来很早之前。第一批居民,主要是在古巴岛,已经有石质工业和主要的陶瓷业,以及微彩石工业,使用燧石、黏土、大块岩石、珊瑚和其他。

在殖民时代,西班牙人使用"海马尼塔"石作为封锁形式,在古巴岛的战略位置建造石像,就像砖和其他非金属材料一样。最后,在新殖民主义者中,"卡佩拉尼亚"灰岩被用于建造国会大厦和总统府。砂石和建筑砾石的数量与民用建筑的发展相似,就像在农村地区建造高速公路、铁路和公路一样。

从 20 世纪 60 年代古巴矿产资源研究所开始进行专门的地质调查。在随后的 10 年里,开展了密集的勘探工作和地质勘探工作。这些研究包括对非金属材料的重要技术研究,用于工业和建设性的不同目标,以及在医药、珠宝和农业领域的应用。

第二节 矿业概况

据估计,古巴在世界主要的钴生产国中排名第五(钴是镍加工的副产品),在世界主要的镍生产国中排名第十。该国生产的其他矿物包括膨润土、水泥、黏土(高岭土)、长石、石膏、石灰、石灰石、大理石、氮、盐、二氧化硅砂、铁矿、硫化物矿和沸石。古巴还生产原油、天然气和精炼产品。该国确定的矿产资源包括铬、铜、金、铁、铅、锰、银、钨、锌及石棉、重晶石、玄武岩、黏土、辉石、石榴石、石墨、钛石、镁镁石、云母、橄榄石、磷石、石英、石英岩、石英砂和半宝石等工业矿物（Ministerio del Comercio Exterior y la Inversion Extranjera, 2016；McRae, 2018；Shedd, 2018）。

古巴政府国有的古巴石油联盟（CUPET）负责勘探、生产、精炼和销售该国的石油及其衍生品。古巴已探明的原油储量估计约为1.24亿桶（Mbbl），其天然气储量估计为708亿 m^3。古巴的大部分原油需求从委内瑞拉进口；然而，由于委内瑞拉的经济和政治危机，其获得委内瑞拉原油供应的能力大大降低。2016年，从委内瑞拉石油公司进口原油。与2014年和2015年相比下降了约50%（委内瑞拉石油公司，2016年；2017年；U. S. 美国中央情报局，2017）。

第三节 矿产在国民经济中的地位

2016年，古巴的实际国内生产总值（GDP）下降了近1%，而2015年修正后的增长了4.4%。工业制造业（不包括制糖业）占全国GDP的12%；建筑业，约占6%；采矿业，约占0.5%。采矿业的就业人数从2015年的2.89万人下降到2016年的2.2万人。在这一年中，约329家企业在工业制造业经营，约20家企业在采矿部门经营（Oficina Nacional de Estadística e Información, 2017a；2017b；2017d）。

根据2016—2017年外国投资机会组合，2015年（有数据的最近1年），外资中最重要的部门是旅游业和房地产，其次是能源和矿业以及工业制造业。在采矿部门，该国为铜、金、铅、银、钨和锌，以及工业矿物如高岭土和云母的商业化提供了外国投资机会。特许区包括里约热内卢（曼图亚铜矿）、古巴中部（铜、金、铅、银、锌的9个前景区）、西戈—卡马古—图纳斯（铜、金、铅、银、锌的14个前景区）、萨瓜—巴拉科亚（铜、金、铅、银、锌的10个前景区）及青年岛特区（高岭土、云母和钨的8个前景区）。在能源部门，古巴提供从陆上和海上油田开采石油的合资企业，包括位于墨西哥湾专属经济区的52个海上区块，全国25个陆上区块；位于阿拉塔、卡马圭、阿维拉、格兰马、马坦萨斯、马雅比克、里约热内卢、斯皮蒂和维拉克拉拉（Ministerio del Comercio Exterior y la

Inversión Extranjera, 2016)。

第四节　矿产品产量

2016 年,膨润土的产量比上年下降了 22%,由 500 t 减少至 389 t;石膏的产量提高了 12.6%,从 87 000 t 提高至 98 000 t;长石的产量下降了 18.7%,从 91 000 t 减少至 74 000 t;大理岩的产量提高了 23%,从 13 000 m³ 提高至 16 000 m³;石英砂的产量下降了 24%,从 25 000 m³ 减少至 19 000 m³;天然气的产量下降了 4.7%,从 1 244 500 m³ 减少至 1 185 400 m³;灰岩的产量 1 900 千 t,产量保持不变;镍(估算)的产量下降了 8.5%,从 56 400 t 下降至 51 600 t;钴的产量提高了 18.6%,原钢下降了 7.6%。具体数值见表 4-1。

表 4-1　古巴 2012—2016 年矿产品产量一览

矿产品名称	单位	2012 年	2013 年	2014 年	2015 年	2016 年
金属						
钴	t	4 900	4 200	3 700	4 300	5 100
镍	t	68 000	55 600	51 600	56 400	51 600
原钢	t	277 000	267 200	257 700	221 800	205 000
工业矿产						
水凝水泥	t	1 824 800	1 659 000	1 579 900	1 517 800	1 492 600
膨润土	t	670	335	700	500	389
高岭土	t	4 000	3 600	1 700	1 500	2 500
长石	t	3 800	3 200	3 600	3 300	3 900
石膏	×10³ t	131	87	98	91	74
石灰	t	54 100	52 400	51 500	51 500	48 600
氮、氨	t	59 200	63 700	58 600	58 500	40 000
盐	×10³ t	216	222	243	285	248

续表 4-1

矿产品名称	单位	2012 年	2013 年	2014 年	2015 年	2016 年
石英砂	$\times 10^3$ m^3	25 000	26 000	47 000	25 000	19 000
灰岩	$\times 10^3$ t	2 800	2 800	2 000	1 900	1 900
大理岩	m^3	13 000	16 000	18 000	13 000	16 000
硫酸,硫化物	$\times 10^3$ t	399	409	404	406	533
沸石类	t	41 900	43 800	43 100	50 800	52 800
矿物燃料						
销售的天然气	$\times 10^3$ m^3	1 034 500	1 066 000	1 199 900	1 244 500	1 185 400
原油	$\times 10^3$ 42 加仑桶	21 982	21 235	21 296	20 685	20 700
沥青	$\times 10^3$ 42 加仑桶	500	500	370	380	400
石油焦	$\times 10^3$ 42 加仑桶	7	100	70	50	50
汽油	$\times 10^3$ 42 加仑桶	3 500	5 700	4 700	3 800	3 800
燃料油	$\times 10^3$ 42 加仑桶	19 000	18 000	17 000	17 000	17 000
煤油	$\times 10^3$ 42 加仑桶	240	220	190	220	200
液化石油气	$\times 10^3$ 42 加仑桶	480	860	780	590	600
润滑油	$\times 10^3$ 42 加仑桶	330	330	350	350	350
轻油	$\times 10^3$ 42 加仑桶	2 100	1 400	1 800	2 000	2 000

注:资料来源:2016 Minerals Yearbook of Cuba,2021。

第五节　矿业产业结构

古巴的石油精炼产品主要由国有的古巴石油联盟公司(CUPET)生产。尼科洛佩兹是古巴最大的精炼厂,位于哈瓦那,日产油 121 800 桶。尼科洛佩兹加工国内和进口石油。西恩富戈斯精炼厂为古巴的第二大精炼厂,日产油 76 000 桶,仅加工委内瑞拉原油。镍由国有的埃内斯托镍矿公司冶炼厂和莫阿镍公司冶炼厂生产。后者为合资公司,加拿大的谢里特国际公司和古巴政府各持股 50%。主要矿业情况见表 4-2。

表 4-2　古巴 2016 年度矿业情况一览

矿产品名称	主要运营公司和主要所有权者	位置	年产量	单位
氨、氮	NA	卡马圭省纽维塔斯 10 月革命工厂	200	×10³ t
水泥	Cementos Cienfuegos S. A.（国有 50%，Holcim Ltd 50%）	西恩富戈斯省, 西恩富戈斯	1 500	×10³ t
水泥	Fabrica de Cemento	卡马圭省纽维塔斯	600	×10³ t
水泥	Fabrica de Cemento Martires de Artemisa	阿特米萨省	600	×10³ t
水泥	Cementos Curazao N. V.	阿特米萨省, 马里尔, 穆希卡街区	1 110	×10³ t
水泥	Fabrica de Cementos Siguaney	圣斯皮里图斯省, 西瓜尼	300	×10³ t
钴	Moa Nickel S. A.（国有 50%，Sherritt International Corp. 50%）	奥尔金省, 莫阿市, 莫阿湾矿区	4	×10³ t
石膏	Empresa de Materials de la Construction de Ciego de Avila	谢戈德阿维拉省, 蓬塔阿莱格雷	不详	
镍	Empresa Niquelifera Ernesto Che Guevara（国有 100%）	奥尔金省, 蓬塔戈尔达, 埃内斯托·切·格瓦拉矿山	34	×10³ t
镍	Moa Nickel S. A.（国有 50%，Sherritt International Corp. 50%）	奥尔金省, 莫阿市, 莫阿湾矿区	37	×10³ t
镍	Emresa Niquelifera Comandante Rene Ramos Latour（国有 100%）	奥尔金省, 尼加拉瓜, 雷内·拉莫斯·拉图尔矿山	12	×10³ t
石油	Empresa de Perforaciony Extraccion de Petroleo del centro	玛雅贝克省, 哈瓦那和卡德纳斯之间的北海岸	12	×10³ 42 加仑桶

续表 4-2

矿产品名称	主要运营公司和主要所有权者	位置	年产量	单位
原油	Sherritt international	巴拉德罗西和尤穆里,埃斯孔迪多港	7 100	×10³ 42加仑桶
原油	PDV - CPUET S. A.(国有 51%, Petroleos)	西恩富戈斯省,西恩富戈斯	23 700	×10³ 42加仑桶
精炼产品	Hermanos Diaz refinery(国有 100%)	圣地亚哥省,圣地亚哥	8 000	×10³ 42加仑桶
精炼产品	Nico popez refinery(国有 100%)	哈瓦那城	44 500	×10³ 42加仑桶
精炼产品	Sergio Soto refinery(国有 100%)	圣斯皮里图斯省,卡巴伊关	无资料	
砂	Algaba quarry	圣斯皮里图斯省,特立尼达附近	50	×10³ t
砂	Malabe quarry	无资料	30	×10³ t
砂	Cajobabo	关塔那摩省,伊米亚斯	无资料	
砂	Grupo Metalurgico Acinox(国有 100%)	Cotorro,哈瓦那省,科托罗山	600	×10³ t
钢	Camaguey	拉斯图纳斯省,拉斯图纳斯	370	×10³ t
钢	Four other steel plants	无资料		
沸石	Empresa Geominera Holguin	奥尔金省,圣安德烈斯厂	75	×10³ t
沸石	Empresa Geominera Holguin	卡马圭省,埃尔索里罗工厂;比亚克拉省,塔萨赫拉斯工厂	无资料	

第六节　矿产贸易

2016 年,古巴的出口总额大约为 1.1 亿美元,而 2015 年的总出口额为 1.45 亿美元。矿业产品占古巴总出口额的 20%。古巴的主要出口方,按出口额降序排列,依次为委内瑞拉(28%)、加拿大(14%)、中国(11%)和西班牙(8%)。2016 年古巴的进口总额为 5.05 亿美元,而 2015 年为 4.44 亿美元。古巴的主要进口方,按进口额降序排列,依次为委内瑞拉(28%)、中国(10%)和西班牙(8%)。该国继续依赖从委内瑞拉进口的原油。根据相关数据,委内瑞拉对古巴的原油出口从 8 700 万桶/天减少到 4 500 万桶/天。(古巴国家信息研究所,2017c;委内瑞拉石油公司,2017)

第七节　中国和古巴矿业合作

目前和古巴开展矿产资源合作的中国企业主要是五矿有色股份有限公司(简称五矿)、太原钢铁股份有限公司(简称太钢)和金川集团有限公司(简称金川)等企业。五矿进口古巴的烧结氧化镍和湿法冶炼中间品,在镍项目投资上曾有过尝试,由于意识形态上的差别,终归失败;太钢的烧结氧化镍部分直接从古巴进口,部分通过五矿进口,每年进口的烧结氧化镍金属量 1 万~3 万 t 不等。与五矿一样,太钢在镍项目投资上也有过尝试,但无疾而终。金川从古巴进口镍湿法冶炼中间品作为冶炼原料,镍+钴的金属量每年不超过 3 000 t。

古巴是一个农业国,工业基础非常薄弱,绝大部分工业产品需要进口,因此对镍和钴等矿产品的消费几乎为零,多数矿产品需要出口换汇。

镍钴产品贸易在中古经贸合作方面占有重要的地位。2010 年双边贸易额为 18.33 亿美元,其中中国出口 10.68 亿美元,进口 7.65 亿美元。在进口的贸易额中,与镍相关的产品就占到 4.57 亿美元,占中国进口商品总额的 60%,是中古经贸合作的重要领域。

2011 年中国从古巴进口的烧结氧化镍 3.3 万 t,折合金属量约 3 万 t,其中应该包括运往金川和太钢的数量的总和。

从中国海关统计资料可以看出,2011 年中国从古巴进口的湿法冶炼中间品数量 2.3 万 t,价值 4.95 亿美元,进口单价和镍价的走势接近。进口烧结氧化镍在 2007—2009 年暂停,2011 年又恢复到 1 万 t,价值 5 997 万美元。

中国和古巴之间一直是友好伙伴,所以中国的油企进入古巴市场的时间并不算晚,目前也取得了一定的建树。早在 2004 年,中古两国领导人就达成了共同推进石油合作共识。2005 年,中国石油长城钻探公司就获得了在古巴作业的资质证书,同年 8 月 4 日,在古巴勘探第一口井。2008 年 11 月 25 日,中国石油集团与古巴国家石油公司在哈瓦那签署《关于在石油领域扩大合作的框架协议》。2011 年 6 月 5 日,中国石油集团和古巴国家石油公司在哈瓦那分别签署《中国石油集团与古巴国家石油公司扩大合作框架协议》及工程建设领域合作谅解备忘录等 3 个合作文件。2014 年 7 月 25 日,在国家主席习近平和古巴国务委员会主席劳尔·卡斯特罗共同见证下,中国石油集团和古巴国家石油公司签署《赛博鲁克油田原油增产分成合作框架协议》和《9000 米钻机钻井服务项目合作协议》等一系列合作协议。然而,由于之前受制于美国对古巴的制裁,中方在古巴投资、结算、技术使用和转让都受到很大制约。不过随着美国结束对古巴的敌对政策,中资公司对古巴投资将迎来一个春天。

根据古巴的天然油气储藏条件和目前项目开展情况,对古巴沿海、近海和深海油气勘探和开发将是未来中国油企的重点突破对象,中国石油、中国石化、中国海油在这些领域都颇有成就。凭着中古间的良好合作关系,中国油企在古巴石油开发领域取得不俗的成绩可期,古巴希望完成年产 50 万桶石油的愿望,也将以较快速度实现。

另外,随着美国对古投资、结算和贸易限制的取消,中国央企、民企在古巴投资建炼厂、石化厂,兴建 LNG 和 LPG 项目、化肥厂、油气设备制造厂,开展油气及石化产品、设备进出口业务将全无阻碍。

2019 年 3 月 26 日和 27 日,中国自然资源部中国地质调查局与古巴能源和矿业部相继签署了地学合作谅解备忘录和石油成藏机制等地质科技合作协议。这是中古两国首次在地学领域建立官方联系并开展合作。中国在地质勘查方面拥有丰富经验,愿在地球物理勘查、地球化学勘查,以及油气、铬矿、镍矿等勘查与评价等方面与古巴分享相关技术,从而促进古巴经济社会发展。此外,双方将进一步推动地质信息互换、人员互访交流与相关合作项目。

2021年10月18日,古巴正式加入中国倡建的"一带一路"能源合作伙伴关系。该伙伴关系寻求在利益共享的原则下,打造国际合作和交流的超级平台。古巴驻华大使卡洛斯·米格尔·佩雷拉在青岛举行的第二届"一带一路"能源部长会议上强调,"一带一路"能源合作伙伴关系对能源领域合作的扩大和多样化及共同克服在全球层面面临的挑战,具有重要意义。他还重申了这个加勒比国家为可持续发展做出贡献的承诺,并诚邀中国和其他"一带一路"能源合作伙伴关系成员的企业和机构在促进绿色能源和包容性能源服务等领域与古巴开展合作。

第五章 矿业开发政策

第一节 古巴共产党(PCC)制定的矿业政策指南

2016年4月16至19日召开的古巴共产党第七次代表大会通过的《党和革命经济和社会政策指南》,确定了2016—2020五年与采矿业直接相关的七项政策指南。

(1)支持和开展综合性调研工作,以保护、维持和恢复自然环境,评估极端事件对经济和社会造成的影响,调整环境政策以适应经济和社会领域的规划。开展有利于保护、恢复及合理利用矿物资源的项目。加强环境教育,将环境教育普及到社会的各行各业。

(2)重点关注现存和规划工业发展对环境造成的影响,特别是化工产业;石油业和矿产业,特别是镍;水泥和建筑材料产业;在污染最严重的区域进行的产业活动,包括加强和完善控制和监督系统。

(3)通过提高生产量和产品种类、优化产品质量和降低生产成本来增加镍产业的市场占比,更高效地利用矿物资源。

(4)加快小型矿藏开采项目的进展,特别是金、铜、铬、铅和锌矿的生产。优先投资开发银矿。

(5)发展化工产业,优先发展塑料、氯、盐、肥料和轮胎的转型产业。提高国家的综合生产能力。深入研究能更有效利用工业岩石和矿物生产矿业产品的方法。

(6)复兴并提高建筑材料的生产行业,保证国家优先投资项目的建设(旅游、住宅、工业等),增大出口和内销量。开发附加值更高、质量更好的产品。大幅度提高建筑材料地区生产的水平和种类,并普及行业标准。

(7)促进并加强再循环工艺,提高回收产品的附加值。优先考虑开发城市固体废弃物的潜力。

第二节 古巴矿业政策

第76号法律,即《矿业法》规定由原基础工业部(MINBAS),现在的能源和矿产部(MINEM),负责根据人民政府国民议会及国务院和部长理事会提供的参考意见来制定矿业政策。于是国务院通过《2008年7月18日决议》,批准了现行的矿业政策,政策决定:

(1)根据形势的需要,提高国家的地质勘探能力,为国家经济的发展和出口提供原材料保障。

(2)鼓励、推动和协助采矿设备和技术的现代化和自动化发展,使生产的工艺更加洁净;遵守环境标准,降低成本,取得更高的能效指标,最大限度地开发和利用矿物资源。

(3)在采矿的各个阶段引入质量综合管理系统,重视分析实验室、调研中心和项目的资质,使生产的产品和提供的服务能够达到国际标准。

(4)将采矿特许权仅授予专业的采矿机构,有利于充分履行采矿业法律体系规定的有关开采选矿、矿物资源合理利用及环境保护和税务的义务。

(5)由财政价格部对建筑材料的价格政策进行系统性的研究,鼓励并协助合理的出口和商业化营销。

(6)降低采矿业对环境造成的冲击,对已经造成的影响进行严格的监督和控制。制定并施行针对采矿业的专用环境战略。保证投入充分的资源及财政和组织机制,改善消极的环境因素,保证其不再恶化。批准并引入针对特许权投资人的培训机制,保证其履行环境保护的义务。

(7)继续推动矿物的开采,主要针对那些国家现存的、能够带来高收入并限制矿物进口的开采活动。

(8)发展以政府利益为中心的国家地质调查机构,不属于任何企业系统,从国家财政预算中出资。

（9）与物理规划研究院合作完善国家地质和矿业资产的土地管理条例,根据地方的需要具体施行。

（10）保证人力资本的培养和发展,确保采矿行业的工人能够完成出色的工作业绩,以及采矿活动中能够及时不断地引入合格的专家、技术人员和工人。

（11）鼓励采矿业与国际机构签署合作协议,为其开拓渠道并提供协调服务。

（12）推动和评估金、银、铜、铅、锌和其他金属及非金属矿物的地质勘探风险合同项目,并为矿物开采和加工提供其他的便利条件。

目前,古巴正在更新矿业政策,以适应经济管理模式、宏观经济政策和当前的国家需求。现在已经完成了初步分析阶段。

矿业政策实施后,很多综合性的发展项目需要调整、终止或制定,涉及镍业[古巴镍业集团（CUBANIQUEL）]、金矿、金属矿物、非金属矿物（全部归地矿盐业集团所有）、盐（国家盐业公司和地矿盐业集团）、建筑材料（建筑材料产业公司集团）和矿物质水（食品工业部）等。

一个综合性的发展项目需要重点考虑以下几个方面:

（1）介绍选定的项目,包括其背景、直接相关的政策指南、行业政策和监管法律框架。

（2）项目的目的。

（3）对选定项目的现状分析,并提出项目建议。其中,除该项目的现状特征外,还应说明面临的问题,以及针对提出的问题可能采用的解决方式或手段,包括预期的目标等。

（4）项目的范围:

——市场。

——矿物资源和储备的定义和评估（地质方面）。

——生产。

——维护。

——材料供应。

——投资（包括境外资本参与的商业投资机会）。

——调查—开发—创新（I+D+i）。

——生产链。

——人力资源。

——工业安全和环境保护。

——质量管理系统(工艺、产品和实验室)。

——财政经济成果。

——组织和行政方面。

——附件。

第三节　古巴采矿业法律框架概况

在古巴早期的矿业管理文件中,有一部19世纪初颁发的采矿活动实施的标准。1811年8月12日,西班牙王国颁布了一道管理法令,将新西班牙(墨西哥)的采矿管理条例应用到古巴,即颁布了上述《标准》。随后,1883年10月10日,通过皇家法令,宣布1859年的《西班牙矿业法》和《基本法》在古巴生效。这两部法律后来都经过了相应的修正,直到1995年1月23日古巴颁布第76号法律《矿业法》之后才被废除。

古巴革命胜利后的几年内,因为经济和社会发展需要进行深入的改革,所以批准的法令基本上都是关于将掌握在私人手中的矿场收归国有。就这样,采矿的私人权利逐渐取消,变为国有资产。在这个时期,一直到20世纪90年代,国家对采矿活动实施了垄断经营。

1990年,古巴采矿业重新向外资开放,于是就需要颁布法律条令来继续保证有效的国有控制成分。于是在10年间,国家批准了几部极其重要的法律:《环境法》《外商投资法》《税制法》和第76号法律《矿业法》等。

《矿业法》是古巴较为先进的管理法律,其中包括详细的环境保护条例,并规定了以下列举的其他方面:

——实施采矿经营体系必须坚持一个基本原则,即所有开采出的矿物资源均归国家所有。

——临时采矿权利只能授予具备法律、技术和财务能力且能够履行相关义务的单位。

——矿物资源的分类。

——采矿业的范围,包括勘探、地质调查、开采和矿物加工。

——成立了国家矿产资源办公室(ONRM),作为古巴共和国矿业主管机构。

——矿业开采应缴纳的具体赋税。

《矿业法条例》通过1997年9月16日第222条法令颁发,其中还做出了以下方面的规定:

——申请采矿权利需提交的资料和办理的要求。

——在授予采矿权利之前,确定候选人的范围。

——技术和统计报告必须包含的内容。

——国家检查的范围,违规行为、采取的行政措施和执行程序。

液态和气态碳氢化合物不属于《矿业法》的实施范围,除了适用于这些资源的通用标准,还有各个管理部门颁发的技术文件。国家矿产资源办公室(ONRM)作为矿业主管机构,履行以下职责:

——采矿活动的整体监督和管控。

——矿物资源和矿物储备的批准、登记、证明和管理。

——起草与采矿权利授予、废除和注销有关的技术意见。

——批准矿业开采项目。

——办理矿产登记,并随时更新各采矿权利的记录。

——保管所有国家地质和矿产信息资料。

——对所有参与采矿的自然人或法人进行国家检查。

——对环境保护计划和缓解环境影响措施的实施进行管控。

2001年4月17日,部长理事会执行委员会的第3985号协议中增加了主管机构的职责,要求国家矿产资源办公室(ONRM)对液态和气态碳氢化合物矿产资源发挥类似的管理、监督和控制职能。法律还规定了导致矿场停用的各种因素,包括矿产资源枯竭、资源利用率过低和开采效率过低等。

矿场的恢复,是指当矿物开采活动完成后,必须恢复受影响的区域,尽可能将其恢复至开采前的面貌,或优于开采前的状况。根据《矿

业法》和第 81 号法律《环境法》,这就意味着:

——必须重视开采前区域的状况和开工前当地生长的植被种类。

——尽量减少对土壤的异常操作,利用炸药爆破或装载机、挖掘机来避免形成阶梯式土壤。

——表土回填并播种原生植被。

——如果开采活动是在地下,则应试图建造一个人工湖,保护采石场的坑洞,并根据其最终用途进行调整。

为了保证环境和谐发展,上述《环境法》规定了矿场的处理方式。《环境法》第八章关于矿物资源的内容规定了在古巴参与采矿业的自然人或法人应该遵循的若干准则:

——地质调查阶段必须取得相应的环境许可证书。

——开采和加工阶段必须持有环境许可证书和环境影响研究报告。

——必须恢复因采矿活动破坏的区域,包括与被破坏区域相关、可能受到损害的地区和生态系统。

——遵守原基础工业部(MINBAS)的规定,管理和控制采矿活动,包括水和矿物泥的治理。

——管理矿产储备区域的一切事宜,但不能与法律规定的其他国家机关或机构的管理有所冲突。

第四节　古巴采矿业外商投资法

全世界的矿产,特别是古巴矿产的发展需要大量的投资。这些投资不仅用于矿产项目、施工和矿物加工设备的运行,也要用于各种细致的研究工作,如研究将要开采的矿藏特征和矿藏今后的发展趋势等。

古巴的情况比较特殊,根据一份现有的银行可行性研究报告,古巴很难找到外商投资,因为报告中显示,古巴的大部分项目都需要巨额的资金。这些项目需要研究并确认矿藏的特征,进行钻井工作。在大部分情况下,需要提取具有代表性的样品,然后到试点场站进行试验,而这些试点场站一般都在国外。这就需要编制一份详细的施工方案,并根据该施工方案提交可行性研究报告报批。

在这种情况下,对于研究水平很低的矿藏,一般各方会签署一份国际经济协会(AEI)的风险合同,如果研究结果是有利的,就可以成立一个合资公司。

如果某些矿藏的研究报告比较充分,且国家组织机构已经确认了可以采用的技术,就可以直接成立一个合资公司。

在古巴,古巴镍业集团(CUBANIQUEL)负责镍矿产业。其他的矿产,包括金属和非金属矿物,除建筑材料外,均由地矿盐业集团(GEOMINSAL)负责。实际上,镍业领域的资本投资在任何情况下都要远远高于其他产业,所以很难找到高层次且经验丰富的投资商。由于镍矿需要的投资金额太高,只能考虑大型企业。

第118号法律《外商投资法》第八章"外商投资谈判和批准"第21.1条的规定很重要:当外商投资不可再生自然资源的勘探或开采时,需由国务院而非部长理事会批准,国际经济协会(AEI)的合同除外,尽管这些合同归部长理事会管控。这是采矿业的基本规定,因为采矿的对象基本都是不可再生的矿物资源。

另外一个相关规定是,根据部长理事会的决议,自然资源,不论是可再生还是不可再生资源的开采可能会造成税率的提高。该条规定适用于采矿业,详见《外商投资法》第十二章"特殊税制"第36.4条。税率可能会提高50%,也就是说,可能会提高至22.5%,而不是正常最大值15%。

《外商投资法》第十二章第36.2条还规定,从合资公司或国际经济协会(AEI)合约签署之日起,免除8年的税费。对于大型投资,如镍业投资来说,这个时间根本不够,因为这些投资战略包括编制和提交可行性研究报告,并且根据古巴的条件,投资的期限一般不少于4~5年,所以在投资回收之前,享受免税政策的8年实际上就已经结束。根据这种情况,部长理事会可以利用特权考虑延长免税期限。

第六章 认识和建议

第一节 投资古巴矿业的有利条件

(1)古巴是西半球唯一的社会主义国家,政局稳定,社会治安良好,战略地位重要,是北美大陆通往南美的重要门户和通道。

(2)中国和古巴建交以来,两国关系一直保持稳定发展势头。两国高层互访频繁,政治、经济、文化等各方面交流密切,为企业投资保证了良好的大环境。从情感上说,中国对古巴长期提供各类援助,为古巴经济社会发展做出了重要贡献,古巴人民一直铭记于心,所以对"中国制造"的产品和来自中国的企业抱有好感和偏爱。

(3)古巴矿产资源丰富,主要矿产有镍、铬、铜、铁、锰。其中,镍储量为 660 万 t,约占世界总储量的 1/3。中国作为世界上最大的镍钴市场,镍钴资源对外的依存度也逐年提高,且"十四五"期间镍钴的消费量将继续增加,而古巴国内几乎没有镍钴的消费,镍钴资源的出口是其创汇的重要渠道,因此中古双方在镍钴资源合作上具有一定的互补性。

(4)古巴政府充分利用自己所具有的丰富资源优势,陆续推出吸引外资发展经济的新举措和新政策。2013 年 9 月,正式颁布《马里埃尔发展特区法》;2014 年 3 月,又推出了全新的《外商投资法》。这些重要法律的颁布和实施,必将推动古巴的对外需求不断扩大,投资环境不断改善。

第二节 投资古巴矿业的不利条件

古巴政府目前对吸引外资还比较犹豫,既希望外资进入,又惧怕外资一哄而入后难以控制,甚至动摇国有工业企业根基;对于合资企业,既希望获得利润,又担心会由此产生贫富不均。出于这种两难心理,古巴政府对合资企业从政策、监管等方面施加压力,不合理收费和拖沓的办事效率让很多企业苦不堪言。另外,从国际范围来看,古巴政府的支付能力和信用度相对较低。这也对外国企业造成影响。

第三节 关于投资古巴矿业的几点建议

(1)高度重视古巴市场的特殊性。古巴在经济体制和经济运行方式上与市场经济国家有很大区别。从内部看,古巴长期以来实施高度集中的计划经济体制,外商投资企业没有定价权,价格由政府部门确定,企业无法进行独立的成本和利润核算;除非出口,企业在产销上均由政府制定,企业没有自主权;配套服务企业十分缺乏,即便有,也要受制于政府的计划;外汇管制严格,外汇宽进严出,货币双轨制,往往使得外商投资企业在投入和所得上承受汇率剪刀差。由于经济结构的特殊性,古巴对外经贸业务支付能力有限,目前与中国开展的经贸合作业务基本采用1~2年期信用证方式,存在一定的经营和支付风险。从外部看,古巴半个多世纪来受到美国的全面经济封锁,客观上形成了古巴与其他国家发展经贸往来的巨大障碍,与古巴开展业务的企业,必须对美国可能的制裁保持高度警惕。

(2)适应古巴的法律环境。在古巴投资起始阶段的主要困难是公司注册申报文件繁多,需要审批的事项繁多,且投资审批程序复杂,审批时间较长。新《外商投资法》于2014年6月底生效,具体实施和落实情况有待观察。中国企业要全面了解古巴关于外国投资和企业注册的相关法律,必要时聘请古巴专业律师协助办理投资和注册事宜。要正确选择拟投资公司形式和营业范围,备齐所需文件,履行相关程序。

(3)综合考虑中国企业与古巴合作的历史和现状,以及古巴发展镍钴工业辅助设施的市场,认为在古巴投资镍项目需要采取谨慎的态度。目前,中国古巴在镍钴方面的合作还是以现货贸易的形式为主。

（4）中国企业家要想在古巴投资，需要具有 5 年甚至 10 年的长期战略眼光，要敢于承担风险，要做好市场分析，选好投资领域和方向，脚踏实地才能稳步进入古巴这片前景远大的"处女地"。

附 录

附录 1　影响勘查投资的法规清单

法律法规名称		出台年份
中文	母语/英文	
矿业法律法规		
矿业法	Law No. 76 – Mining Law	1995 年
(外商)投资法		
外商投资法	Law 118 on Foreign Investment (LFI) Cuba	2014 年
马里埃尔发展特区法(第 313 号法令)	Marie Zone Act 313	2013 年
财税法律		
税法	Law 113 on New Tax Law	2012 年
环境法律		
古巴环境法	Environmental Law in Cuba	2000 年
劳动法律		
古巴劳动法典	Cuba's New Labor Code	2008 年
金融贸易法规		
进出口管理条例		2014 年
其他法律		
宪法	Constitucin de La Rerpulica de Cuba	1976 年
中国古巴双边协定		
	中国与古巴双边经济合作规划谅解备忘录	2011 年
	中华人民共和国政府和古巴共和国政府关于促进和相互保护投资协定的修订	2007 年

续附录 1

法律法规名称		出台年份
中文	母语/英文	
	中华人民共和国政府和古巴共和国政府经济技术合作协定	2003 年
	中华人民共和国政府和古巴共和国政府关于海关合作与行政互助的协定	2012 年
	中华人民共和国政府和古巴共和国政府关于对所得避免双重征税和防止偷漏税的协定	2001 年
	鼓励和相互保护投资协定(修订)	2007 年
	中华人民共和国国家发展和改革委员会和古巴共和国能源矿业部关于可再生能源和能源节约领域合作的谅解备忘录	2014 年
	中国与古巴双边经济合作规划谅解备忘录	2011 年
	中华人民共和国政府与古巴共和国政府关于共同推进"一带一路"建设的合作规划	2021 年

附录 2　古巴共和国矿业法(第 76 号法律)

第一章　法律的目标和范围

第 1 条　该法被称为《采矿法》,旨在以确保保护的方式制定采矿政策和法律规定。根据国家利益开发和合理利用矿产资源,制定由与该活动有关的政府官员控制的强制性指令。

第 2 条　就本法而言,矿产资源是指在法律规定的范围内,国家领土土壤和底土中存在的所有固体和液体矿产,以及共和国海洋经济区的海底和底土的矿产。

放射性矿物及液态和气态碳氢化合物受其具体立法管辖。构成伴生矿石或低品位矿石的放射性矿物也受本法管辖。

第3条　为了解释、遵守和适用本法的规定,定义如下:

剩余积累:在给定技术过程中积累无法使用的固体或液体材料。

准则:为享受国家财产而支付的金额。

尾矿:某些加工过程中无法使用的废物,仍然含有矿物质。

矿物浓度:矿物的自然积累。

垃圾填埋场:由于采矿作业而产生的剩余物,可以通过一致的技术来利用。

废料:某一冶金工业过程中产生的一次性废物,这些废物可以通过其他工业过程回收利用,以提取其成分。

勘查:一组操作,旨在确定矿床的结构、形态、矿体的尺寸和条件,包含它的区域构造,其中存在的矿物的含量和质量,以及储量的计算,包括矿床的经济评估和其他有助于其最佳开采的研究。

开采:为准备和开发矿床,以及开采和运输矿物而进行的所有采矿作业和工程。

海底:海床。

环境影响:人类活动或环境以外的其他因素对环境造成的不良后果。

作业:开采矿山的工作进行必要的工作或挖掘,加固它们,安排运输,并提取有用的矿石。

矿物丰度:矿石中金属含量的浓度。

矿体:金属矿石的有用部分。

微观定位:详细选择特许经营权所涵盖的土地区域。

矿山:为研究和开采矿床而进行的所有地表和地下挖掘工作及设施的总称。

采矿:在整个矿山和采矿场工作的行为。

矿物:土壤或底土中的无机物质,主要是具有经济利益的物质。

伴生矿物:不是采矿活动的主要对象的矿物,存在于矿床中,可能具有也可能不具有特定的经济利益。

主要矿物:它是矿床内采矿活动的基本对象。

放射性矿物:含有铀和钍族元素的矿物,由于其浓度,通常可用于工业。

采矿作业:在适当的矿物研究和开采仪器及设备的帮助下在矿山开展的活动。

加工:处理开采的矿物,以提高其质量或有用含量,分离、净化、适合消费或包装,以便使用或商业化。

矿产资源的工艺过程:开采矿物的阶段,以便充分利用。

勘探:利用技术和方法寻找可能形成矿床的矿物迹象与浓度的工作。

调查:在某些领域开展初步工作,确定勘探感兴趣的领域。

采矿登记册:一种监测系统,包括有关自然人和法人从事采矿活动的权利的数据。

矿产储量:具有一定地质评价等级和开采坡度的矿石量。

围岩:构成矿床一部分的岩石和贫瘠材料,阻碍矿物的开采,因此有时必须清除。

地役权:它是为了另一个人的利益而对属于不同所有者的财产施加的留置权。构成地役权的财产称为支配财产;受役人,从属人财产。

底土:由岩石和矿物组成的直接位于地下的部分,法律在其上确立了公共领域,可以通过采矿活动的特许权授予。

土壤:植物生根的表土,是一种特殊的生态环境。

免费土地:土地是免费的,可用于任何活动,包括采矿。

减少钻井见证:通过钻井提取的岩石或矿物样品的减少部分,并为研究目的保留一段确定的时间。

废物处理:对矿石技术过程中的残余物或废物进行部分或全部去污的过程。

矿床:土壤或底土中矿物物质的任何自然积累,可用作原料和能源,以及宝石和半宝石的浓度及开采具有经济意义的其他矿物物质。

勘探前景区:发现异常样品或地质变化的地方,可以推测存在矿物。

矿化带:是土壤或底土的延伸,其中富含用于经济用途的矿物质。

第二章　矿产资源所有权制度

第4条　根据宪法规定,国家对地下矿山和所有矿产资源拥有不可剥夺和不受限制的所有权,无论它们在何处。

第三章　执行矿业政策

第5条　部长理事会或其执行委员会通过基础工业部,在不影响本法第18条的情况下,控制采矿政策的制定、执行和实施。

第6条　为了遵守前条的规定,基础工业部具有以下权力:

(a)向国民议会和国务委员会提供有关制定采矿政策的建议。

(b)向部长理事会或其执行委员会提出关于保留矿区的声明。

(c)通过短期、中期和长期采矿发展和计划及方案控制采矿政策。

(d)促进该国的地质研究。

(e)规范和控制采矿活动,但不妨碍法律赋予中央国家行政当局其他机构的权力。

(f)根据现行法律授予的其他权利。

第四章　矿业活动

第一节　一般规定

第7条　采矿活动是指本法第12条所述的所有业务和行动。

第8条　采矿活动符合国防利益。

第9条　采矿活动的实施考虑到了法律赋予科学、技术和环境部在环境问题上的权限。

第10条　采矿活动被宣布为公共利益和社会利益,优先于土地的任何其他使用或开发,只要经济或社会原因使其成为可取的。

第11条　为了进行采矿活动,特许公司可由部长理事会或其执行委员会授权占用或使用国有财产。在私人财产的情况下,在可能的情况下,适用采矿地役权的特殊制度及不涉及第三方占有的移动或影响的任何其他解决办法。如果这些替代方案不成功,则应适用强制征用,必要时由基础工业部在法庭上提出。该程序包括适当的补偿,适用于土地使用和对采矿活动至关重要的其他财产。

第12条　为本法的目的,采矿活动分为以下阶段:

(a)承认。

(b)地质研究:分为勘探和勘探子阶段。

(c)剥离。

(d)加工。

(e)商业化。

第二节　矿物分类

第13条　为本法的目的,矿产资源分为以下几类:

第一组　非金属矿物,主要用作工业和其他经济部门的建筑材料或原材料。该组包括宝石和半宝石。

第二组　金属矿物,该组包括贵金属、黑色金属和有色金属以及伴随的金属和非金属矿物。

第三组　含能矿物。

第四组　采矿和药用水和污泥。它包括采矿-工业、采矿-药用水、天然矿物、温泉和采矿-药用污泥。

第五组　其他矿物积累。该组包括:

(a)采矿活动产生的废物积累,可用于开采其某些组成部分,如尾矿、瓦砾和矿渣。

(b)所有矿物和其他地质资源的积累,这些资源未在上述组中指定并可能被开采。

第五章　矿业管理部门

第一节　矿业部门的职能

第14条　国家矿产资源部(简称矿业部),是隶属于基础工业部的具有法人资格的机构,负责:

(a)根据本法和其他现行法规规定,监督和控制采矿活动和合理利用矿产资源,在不影响各自权限的情况下,就此事项向基础工业部和中央国家行政当局的其他机构提供咨询。

(b)批准、记录和控制矿产储量,证明矿床的工业化准备程度。

(c)就授予、撤销和终止发布技术意见采矿特许权。

(d)根据本法批准采矿项目。

(e)保留采矿登记册,并更新采矿特许权,保留矿区、矿床、矿物表现,研究区及采矿或废弃矿井的说明。

(f)成立国家地质和采矿信息的储量库。

(g)对从事采矿活动的自然人和法人进行国家检查,以核实这些实体所承诺的协议和义务的遵守情况,以及管理所检查活动的现行法律规定。

(h)监测环境保护计划的执行情况和减轻环境影响的措施。

(i)使该国的采矿统计数据保持最新。

(j)参与关闭矿山并监测正在执行的关闭方案的措施。

第二节 采矿登记

第15条 除本法第14(e)条规定外,下列内容可在采矿登记处登记:

(a)授予特许权的所有权。

(b)特许权的修改、延期、无效、撤销和终止。

(c)转让特许权。

(d)影响授予或享受特许权的司法声明。

(e)采矿地役权。

第16条 矿业登记处的登记程序是本法规定的程序,但须缴纳其中规定的税款和一般税法。

第六章 采矿权

第一节 一般规定

第17条 就本法而言,"采矿特许权"(简称特许权)是指,单方面政府行为产生的法律关系,根据本法及其条例规定的条件和所有权利及义务,暂时赋予自然人或法人从事采矿活动的权利。本法第13条所述的所有矿产资源均可特许,但不妨碍国家宣布某些矿物的独家储量。

第18条 部长理事会或其执行委员会授予或拒绝采矿特许权,并规定撤销和终止采矿特许权。

第19条 特许权包括表面和深度空间。表面边界以公顷为单位测量,并由多边形顶点的国家坐标系或由此产生的几何图形及连接顶点的直线给出。深度限制与表面上的限制一致。然而,深度取决于储量的位置或采矿技术的范围。

第二节　特许公司

第20条　为本法的目的,特许权持有人是自然人或法人,经适当授权从事采矿活动的一个或多个阶段。

第21条　所有特许公司均受古巴共和国现行法律和其他规定的约束。

第22条　特许权是地质研究、开采或加工。勘探工作不需要特许权,而是由基础工业部许可。

勘探许可证使持有人有权进行初步工作,以确定勘探感兴趣的区域。在其有效期内,与许可证中规定的矿物类别和许可证中描述的区域有关。

地质研究特许权使特许公司有权执行本法第3条规定的勘探和勘探子阶段的工作。

经营特许权使特许公司有权执行本法第3条规定的工作,占用授权的矿产资产,并在特许权中明确规定的情况下,对其进行加工和销售。

处理特许权使特许公司有权进行本法第3条规定的处理。

第23条　地质研究特许权的期限为3年,可再延长2年;自延期授予之日起计算。

第24条　采矿和加工特许权自授予之日起最长期限为25年。当特许公司证明有可能继续开采特许权所涵盖的矿产资源以及使开采和加工技术适应现代技术时,该期限可连续延长至25年。

第25条　随着本法第60(a)条所述特许权的终止,特许公司对所授予的土地的权利停止,其中建造的永久工程成为国家财产,无须任何补偿。在这种情况下,如果特许权持有人表示有兴趣出售,国家实体也有权购买可拆卸设施。

国家可以在有关地区给予新的特许权,在这种情况下优先考虑前特许公司。

第三节　处理特许权申请

第26条　特许权申请由申请人通过矿业管理局提交给基础工业部,并征收文件税。

矿业管理局核实是否符合所有既定要求,包括有关已经进行或正在进行的地质调查的现有信息,以及就所要求的领域作出决定的建议,并将其转发给基础工业部部长。

第 27 条　持有采矿特许权的申请必须包含以下一般要求:

(a)申请人的数据及其技术和财务能力。

(b)确定矿产资源。

(c)以公顷为单位的特许权面积及其在国家坐标系中的实地位置。

(d)所要求的术语。

(e)所追求的目标,以及所设想的工作摘要及其执行时限。

(f)关于采矿、加工和小规模采矿特许权的申请;物理规划研究所批准投资的微观定位和土地使用及使用权主管机构的认证。

(g)本法规定的任何其他数据和细节。

承认许可申请应符合本条(a)至(e)项的要求。

第 28 条　除第 27 条规定的要求外,持有经营特许权的申请还应包括以下内容:

(a)矿床的主要特征,矿产资源的使用,矿业局批准的储量,上一阶段尚待完成的工作及有关投资的主要技术和经济指标的摘要。

(b)充分履行地质调查特许权所载或产生的义务的确凿证据,如果事先已授予申请人。

第 29 条　除第 27 条规定的要求外,申请处理特许权必须包含以下内容:

(a)待加工矿物的来源和特征。

(b)详细报告将用于矿产资源的技术过程中的工厂的主要特征。

如果申请涉及处理阶段和剥离阶段,则必须遵守第 28 条(a)款和(b)款规定的要求,但不妨碍第 27 条所载的一般要求。

第 30 条　在小型采矿生产中持有特许权的申请除第 27 条规定的要求外,还应包括以下内容:

(a)关于采矿活动的报告,按工作、执行方案和矿物的最终用途分列。

(b)充分履行地质调查特许权所载或产生的义务的确凿证据,如果事先已授予申请人。

第31条 特许公司向国家支付已经或正在进行的地质调查的国有信息的价格。

这项工作所产生费用的赔偿形式遵照本法的规定。

第32条 满足前条规定的要求,基础工业部部长向部长理事会或其执行委员会提出关于给予或拒绝给予申请人的可取性的意见,在听取了当地人民权力机构的意见后,尽可能多地发表其他声明,并在授予其在矿业登记处登记的情况下下令。对于授予,遵守以下规则:

(1)地质研究特许权的持有人有权在调查区域内获得勘探矿物的开采和加工特许权,前提是该特许权符合上述特许权的所有要求和义务。

(2)如果持有人未使用上述权利,则在本法规定的期限内,有关地区应被视为开放和特许。

(3)如果在同一免费土地上提交了一份以上的申请,则授予提交最符合国家利益的提案的申请人。

第33条 根据本法提交的所有申请可在授予所要求的特许权之前的任何时候撤回。但是,如果撤回申请,则支付的费用应由国家承担。

第34条 部长理事会或其执行委员会发布授予特许权的规定,包含决定所依据的理由,所涉及的特许权类型,申请人的身份证明,土地面积的精确限制,授予权利的术语所涵盖的矿物,特许权使用费的确定、形式和时间,恢复环境的财政资源水平及对档案、既定采矿政策和现行立法的分析所产生的任何其他考虑和条件。未经设保人事先明确同意,特许权不可转让。

第35条 扩大采矿区的请求和延长特许权期限的请求是根据与每项特许权的初始申请相同的程序制定和处理的,但记录中的信息除外。

第四节 招标

第36条 国家可以通过其指定的法人实体,在不影响既得权利或正在处理的权利的情况下,为在国家领土上进行采矿活动的矿产资源的地质研究、开采、加工和销售发出招标书,以选择最有利的提案。

第七章 理事会的义务
第一节 一般规定

第 37 条 特许经营者不间断地进行采矿活动。如果由于经适当证明的不可抗力或由于经济市场状况,工程未在第 42 条(a)、43 条(a)、44 条(a)和 48 条(a)规定的期限内开始,或暂停超过第 58 条(b)项规定的期限,根据本法的全部规定,基础工业部部长可应相关方的请求,将此类期限延长与诉讼持续时间相等的时间。

第 38 条 特许公司只能对特许权所涵盖的矿产资源进行授权的采矿活动。如果在执行过程中发现或有可能爆炸,根据具体情况,其他未经授权的矿产资源,特许公司有义务在本法规定的期限内通过矿业管理局向基础工业部部长报告,基础工业部部长向部长理事会或其执行委员会提出适当的建议,以确定:

(a)授权特许公司在符合其利益的情况下,通过遵守本法或其条例规定的要求和程序,将其活动扩大到新的补救办法。

(b)如果新补救办法的使用受到威胁并且新补救办法符合该国的最佳利益,则停止授权的活动或其中的一部分,在这种情况下,国家应承担特许公司的费用。

(c)规定保护矿产资源和维护国家利益的任何其他措施。

第 39 条 关于第 13 条规定的第四组矿产资源,一般禁止在保护范围内:

(a)直接或间接排放污染物。

(b)积累固体废物、碎片或物质,无论其性质和沉积地点如何,构成,或可能构成污染或降解这些资源的危险。

(c)对可能导致其退化的周围环境采取其他行动。

第 40 条 为采矿业服务而建造的道路供公众使用,条件是它们不会对人的生命或采矿设施造成危险,这是矿业部所限定的。

第二节 一般义务

第 41 条 所有经销商都有义务:

(a)在项目基础上开展工作,以支持其目标和成果。

(b)按照本法规定的程序向矿业局报告其工作成果。

(c)通过制定环境影响研究和计划,充分保护特许区域的环境和生态条件,预防、减轻、控制、恢复和补偿其活动造成的这种影响;在该地区,以及与可能受影响的地区和生态系统相关的地区及生态系统。

(d)遵守授予特许权的条款中规定的最低工作方案。

(e)通过技术和方法进行矿物的地质研究、开发和加工,以确保主要和伴生矿物的评估和利用。

(f)仅为授权目的进行采矿活动。

(g)通过适用现行规定中规定的职业健康和安全标准,保护工人的健康和生命。

(h)在国家领土内建立。

第三节　地质研究

第 42 条　除上述条款所载的一般义务外,地质研究特许公司还有义务:

(a)在授予特许权之日起不超过 3 个月内开始运作。

(b)以合理和具有成本效益的方式调查矿床,同时考虑到研究领域的现有背景。

(c)确定主要和伴生矿物的数量和质量储备。

(d)由于地质调查而向矿业局提交最终报告,并提供有关该主题的方法和技术标准的所有文件,包括计算储量的声明。

(e)返回与进一步勘探和勘探无关的区域,并在勘探子阶段结束时,最终返回未开采的区域。

第四节　剥离和加工

第 43 条　除第 41 条规定的一般义务外,经营特许公司还有以下义务:

(a)自所有权之日起不超过 2 年开始经营。

(b)按照本法规定的程序制定并提交采矿管理局批准的采矿项目。

(c)以最小的损失和稀释开采储层储量。

(d)规划和实施增加所需的地质调查,了解矿床并指导开采工作。

(e)向矿业局通报矿产储量的变动和年度采矿计划。

（f）在可能的情况下，正确使用或储存矿体或露头岩石。

（g）按照地方人民权力机构和主管当局规定的条件（视情况而定）规划恢复或改造矿区所需的工作，为此目的提供必要的财政资源。

第44条　除第41条规定的一般义务外，加工特许公司还有以下义务：

（a）在所有权之日起不超过3年内开始处理。

（b）根据本法规定的程序，制定并提交矿业局批准矿产资源处理项目。

（c）向矿业局报告年度处理计划。

（d）进行技术和生产研究，以提高工业过程的经济效益。

（e）为小型采矿生产的矿物加工提供设施。

第45条　在为直接药用、应用或人类消费目的开采和加工矿产资源时，有关特许权持有人除上述条款规定外，还应确保：

（a）执行授权活动的最佳卫生和卫生条件。

（b）在消费者使用之前，保留证明矿物资源的原始物理化学和细菌学性质。

（c）产品识别和指定保留此类财产的时间。

（d）满足所有其他条件，以避免影响消费者的应用或消费。

第八章　小规模采矿生产

第46条　小规模采矿生产是指根据本法规定的分类，在被视为小型矿床的矿产资源浓度下进行的任何生产，或者由于其开采的经济重要性而可能被视为小型矿床。

第47条　授予采矿和加工特许权，本法的规定适用于小型采矿生产，只要它不违反本章的规定。

部长理事会或其执行委员会授权基础工业部授予或拒绝某些矿物的小型矿床的采矿特许权，并规定撤销或终止这些特许权。

第48条　除第41条规定的一般义务外，小型采矿特许权持有人还有义务：

（a）自所有权之日起不超过2年开始经营。

（b）保持所批地区的地形图及其工程的最新情况。

(c)拥有开采矿产资源所需的最低地质知识。

第九章　理事会的职权范围
第一节　一般权力

第49条　任何特许公司在不影响遵守为每种情况规定的条例和要求的情况下,可以:

(a)通过国家或私人土地进入矿区,为此,他们必须使用特殊的采矿地役权制度和最合适的方式,对所有者或持有人的伤害最小,并遵守为此目的制定的规定,包括适当的赔偿。

(b)在设保人明确同意的情况下转让或转让其对特许权的权利。

(c)为合理开发采矿活动进行必要的建设。

(d)在其采矿作业中使用在这些作业中出现的水或从其排水中流出的水。

第二节　采矿地役权的特殊制度

第50条　采矿特许权的所有人可以要求在合理使用所确立的权利所必需的第三方的邻近土地上建立地役权。

第51条　地役权可以是自愿的和合法的。

第52条　自愿地役权由抵押地役权的所有人给予,为了特许权的利益,特许权持有人在听取了矿业局在登记册中登记的公共契约中负责土地使用的当局的意见后。

第53条　合法地役权由基础工业部授予,通过矿业管理局听取负责使用建筑物的当局的意见,并了解获取通风、排水和矿物加工可能性所需的工作。

第54条　在所有地役权案件中,财产所有人应对其造成的损害给予赔偿。

第55条　地役权灭失:

(a)特许权的无效、撤销或终止。

(b)将从属的财产与主导财产归为一人。

第十章　特许权的无效、撤销和终止

第56条　在不符合本法规定的要求的情况下授予的任何特许权均属无效。

第57条　矿业局的国家检查员可以对未再犯的违法者采取以下措施,条件是特许权的可撤销性取决于其遵守情况:

（a）在不暂停工作的情况下,给予最长时间以消除违法行为。

（b）在侵害被消除之前停止工作,在这种情况下,中止造成的经济损失是以违反者为代价的。

第58条　任何授予的特许权均可因违反以下规定而被撤销:

（a）本法规定的开始地质调查、开采或加工的时限。

（b）在未经适当授权或未在规定期限内恢复的情况下,停止或暂停地质调查工作超过6个月或开采或加工超过2年。

（c）国家检查员下令采取的措施。

（d）授予特许权时的条件。

（e）开采未经许可的矿产资源。

（f）不遵守为工作和人类生命安全制定的措施。

（g）提交报告或更新反映其业务发展的记录,这些记录受"条例"的约束。

第59条　未支付本法规定的关税或税款,应采取一般税法规定的措施,以实现付款。完成所有收集程序后,可以撤销特许权。

第60条　特许权灭失的原因是:

（a）其期限届满或授予的延期届满。

（b）特许公司的法人资格消灭。

（c）业主自愿放弃。

（d）最终彻底关闭矿山。

第十一章　关闭矿山

第61条　矿山的关闭可以是临时的,也可以是永久性的,具体取决于是否有计划或是否有可能恢复开采;全部或部分,取决于整个矿井或部分矿井的停止活动。

在所有情况下,临时关闭矿井都需要基础工业部部长的合理决定授权。

第62条　由于技术、经济、采矿地质、水文地质、火灾、环境破坏或其他不允许继续开采矿床的原因,可能会暂时关闭矿山。

在没有增加前景或技术经济,采矿安全或环境条件发生变化的情况下,可以通过完全开采或取消矿产储备来实现最终关闭。

第63条 为了批准关闭临时和最终矿山,特许公司通过矿业管理局向基础工业部部长提交了一份技术和经济研究,其中包括相关论点和工作计划及其实施的措施。

第64条 如果为了国家利益而关闭,古巴国家应酌情赔偿特许公司。

第65条 特许公司在临时授权全部或部分关闭后,在整个关闭期间和特许权到期之前保证:

(a)开采矿床的地形、地质和采矿更新,并提交矿业局审查和保护。

(b)矿山保护工作,以便重新开始采矿工作。

(c)矿山及其设施、设备和可能的人员事故,火灾和故障的安全措施。

(d)维护和处置现有设施、设备和材料。

(e)恢复环境的措施。

矿业局的国家检查员监督本条和以下各条所述工作的遵守情况。

第66条 为了最终全部或部分关闭矿山,特许公司通过矿业管理局向基础工业部提交技术经济准则和关闭计划,其中包括:

(a)矿物储备的最新状况。

(b)在地下矿井中,清理工作的方式,以避免将来可能因塌陷或沉降而对地表造成影响。

(c)密封所有可进入的矿井。

(d)表面设施、设备和材料的使用。

(e)从地下矿井中回收设备和材料。

(f)尾矿、瓦砾和矿渣沉积物的状况,以及所含矿物或沉积物总量的计算(视情况而定)。

(g)受影响地区的恢复方案和环境影响报告。

(h)可能对地下采矿设施或采石场的使用。

第67条 任何最终关闭矿井的申请都需要得到部长理事会或其

执行委员会的授权。

第十二章　工作安全与卫生

第 68 条　每个特许公司都有义务遵守有关职业安全和健康的现行规定。

第 69 条　特许公司通过制定和实施本法规定的措施、计划,确保职业安全和健康。

第十三章　保留矿区声明

第 70 条　部长理事会或其执行委员会是有权宣布保留矿区的机构,因此全权负责授权在这些地区开展地质或采矿以外的活动。

第 71 条　保留矿区是指由于其对矿物浓度存在的明显看法而保留的区域,应保留、限制可能损害该区域保存的采矿目的的非地质或采矿活动。

第 72 条　基础工业部应部长理事会或其执行委员会的要求,应该部本身或与该国采矿活动发展有关的实体的要求,采取适当步骤宣布保留矿区。

第 73 条　保留矿区的声明应考虑到:

(a)储量的潜在价值或其对国家工业生产的影响所赋予的经济或战略重要性。

(b)所选领域的利益汇合。

(c)选定地区的人类住宅区。

(d)任何类别的保护区的存在。

(e)对于第 13 条规定的可能被外部物理、生物或化学物质或污染或降解的第四组矿产资源,保护区和影响区的周边包括在该区域内的矿产资源。

本条(b)和(c)项与适当的物理规划协调。

第 74 条　部长理事会宣布的保留矿区内的特许权申请,应按照本法规定的程序和部长理事会或其执行委员会在每项声明中规定的特殊要求提交基础工业部。

矿物类型

（a）一、二和三组中列出的矿物，但用于建筑和用于生产石灰、水泥和陶瓷的非金属矿物除外。

（b）四组矿物。

（c）五组中的矿物，以及用于建筑和专门用于生产石灰、水泥和陶瓷的非金属矿物。

第十四章　税制

第 75 条　特许公司在不影响"公约"规定的情况下向国家付款，包括本法规定的一般税法和任何其他一般付款，采矿活动费用和不可再生矿产资源开采特许权使用费。

第 76 条　国家每年从特许公司收到以下数额的特许权使用费：

（a）在勘探子阶段每公顷 2 比索。

（b）勘探子阶段每公顷 5 比索。

（c）开采阶段每公顷 10 比索。

第 77 条　前条所述数额记入国家预算，并按照财政和价格部制定的程序和收款方式提前支付年金。

第 78 条　加工特许公司向国家支付部长理事会或其执行委员会在授予特许权时确定的用于建造加工设施的区域的土地权价格。政府还规定了这种土地权的条件。

第 79 条　如果采矿和生产条件如此建议，部长理事会或其执行委员会可以确定支付特许权使用费的计算：

（a）产品的销售价值。

（b）获得的矿产品在世界市场登记的平均季度价格。

（c）明确约定的价值。

第 80 条　每个特许公司在国家领土内开采矿产资源的特许权使用费应由国家按照特许权条款规定的百分比按照下列比例收取：

适用的特许权使用费：从 3% 到 5%，从 1% 到 3%，高达 1%。

第 81 条　所有矿产资源特许权持有人均为特许权使用费的应税人。

第 82 条　这些特许权使用费的支付是实物或现金，可选择国家。

第83条 特许权使用费是根据已完成的生产计算的。付款以付款人进行交易的货币支付。

第十五章 估计采矿活动

第84条 部长理事会或其执行委员会可授权经营特许公司分配部分利润，在征收所得税之前，为了偿还勘探和勘探期间发生的费用，这些费用被接受为可偿还的费用。

第85条 采矿特许公司可以对开始采矿所产生的投资成本进行加速折旧，在财政和价格部规定的条件下，加工和销售衍生产品，包括运输和装载设备。

第86条 如果存在特殊条件，危及与执行特许权所涵盖的采矿活动有关的采矿业务的连续性，特许公司可以通过基础工业部向财政和价格部提出合理的要求，全部或部分推迟支付特许权条款中规定的特许权使用费。

财政和价格部部长通过同意或拒绝所要求的延期作出合理的决定。它在符合国家预算和特许公司利益的时期内这样做。

第十六章 合同和授权事实 实施措施和补救措施

第一节 违规行为

第87条 违反本法规定的特许公司，不包括无效或灭绝的理由，根据第57、58和59条的规定，在条例规定的情况下，应酌情对其进行个人或机构罚款，其中规定了罚款金额和适用的附带措施。

第二节 有权采取措施和解决资源问题的当局

第88条 有权核实违法行为并处以罚款和处罚的当局是：在各自的职权范围内，矿业局的国家检查员，地方人民权力机构的检查员及中央国家行政当局其他主管机构指定的人员。

第89条 有权审理和裁定对处以罚款或措施的行政行为提出上诉的当局，在各自的职权范围内，是有关部长和地方人民权力机构主席。

过渡性条款

第一：目前从事采矿活动的自然人和法人必须在其颁布后的最长

1 年内根据本法提交特许权申请。

第二:在前一条规定的期限届满后,继续开展采矿活动的权利到期。

特殊规定

第一:本法的任何变更均不得影响条款和条件特许权中规定的条件,在 25 年内授予后。

第二:就黄金而言,基础工业部事先与古巴国家银行协调每项黄金特许权的条件。

第三:根据本法规定的任何理由撤销特许权或关闭矿山,以及放弃采矿活动,并不能免除特许公司因特许公司的责任而对古巴国家因此类行为而造成的损害赔偿。

第四:部长理事会或其执行委员会获得授权。在特殊情况下,出于国家利益的充分理由,与有关机关和机构协调,为本法规定的特许权确定不同的条款和数额。

最终条款

第一:部长理事会或其执行委员会负责制定本法的议事规则。

第二:基础工业部有权发布尽可能多的条款,以便更好地执行本法。

第三:科学部负责技术与环境,作为负责指导和监督旨在保护环境和合理利用自然资源的政策的机构,定期评估和批准,在适当情况下,执行采矿特许权所需的环境影响活动,以及建立、监督和执行为该活动制定的环境规定,包括进行国家环境检查和实施现行立法规定的处罚。

第四:1859 年 7 月 6 日的《采矿法》被废除,没有法律效力;1868 年 12 月 29 日关于新矿业立法一般基础的法令;1914 年 9 月 28 日第 1076 号法令,古巴采矿组织条例;1909 年 1 月 12 日第 78 号法令颁布的 1909 年 1 月 12 日法令;1915 年 1 月 18 日第 55 号法令;1915 年 1 月 31 日第 716 号法令;1916 年 4 月 5 日第 447 号法令;1918 年 4 月 15 日第 622 号法令;1918 年 5 月 21 日第 869 号法令;1920 年 10 月 22 日第 1662 号法令;1921 年 3 月 18 日第 355 号法令;1924 年 2 月 5 日第 147

号法令;1928 年 8 月 15 日第 1370 号法令;1930 年 6 月 7 日第 768 号法令;1931 年 5 月 26 日第 717 号法令;1932 年 4 月 12 日第 470 号法令;1932 年 4 月 12 日第 471 号法令;1932 年 5 月 19 日第 676 号法令;1932 年 8 月 11 日第 1120 号法令;1941 年 4 月 16 日第 1073 号法令;1943 年 8 月 30 日第 2423 号法令;1959 年 10 月 27 日第 617 号法令;1966 年 7 月 15 日第 1196 号法令;以及违反本法规定的任何其他法律法规。

本法自其在共和国官方公报上公布之日起生效。

1994 年 12 月 21 日,在哈瓦那市人民政权国民议会会议厅举行。

里卡多·阿拉尔孔-德克萨达

附录 3　外商投资法(第 118 号法)

古巴共和国第八届全国人民政权代表大会第一次特别会议于 2014 年 3 月 29 日通过决议如下:

鉴于:我们国家在取得可持续发展方面面临挑战,通过外国投资,可以获得外部融资、技术和新市场,使古巴的产品和服务融入全球价值链,并对国内产业产生其他积极影响,借此对国家经济增长做出贡献。

《党和革命经济社会政策纲要》引导下的古巴经济模式更新给国家经济所带来的变化,促使我们检视和规范 1995 年 9 月 5 日颁布的第 77 号法律《外商投资法》规定的外商投资法律框架,为外国投资提供更多优惠,确保在保护和合理使用人力资源和自然资源、尊重国家独立及主权的基础上,吸引外国资本,对国家经济恢复和可持续发展做出贡献。

《古巴共和国宪法》规定了不同类型的所有制,包括合资企业、公司和经济联合体,并且表明,只要对国家有益且是必需的,作为特例,国有资产可部分或全部转让以利于其发展。

为此,全国人民政权代表大会根据《古巴共和国宪法》第 75 条 b款所赋予的职权,颁布以下法令。

特此公布

古巴共和国全国人民政权代表大会主席

胡安·埃斯特万·拉索·埃尔南德斯

外商投资法(第 118 号法)

第一章　宗旨和内容

第一条　1.本法的宗旨是在尊重法律、国家主权和独立及互利的基础上,建立古巴境内外商投资法律框架,为国家经济发展做出贡献,以建设繁荣和可持续的社会主义社会。

2.本法及其配套法规为外国投资者确立一个提供便利、信用和法律保障的体制,以利于吸引和利用外资。

3.引导在我国的外国投资面向出口市场多样化,扩大出口,引进先进技术,替代进口(食品行业优先),获取外部融资,创造新的就业渠道,学习管理方法并将其与发展产业链条化相结合,以及通过利用可再生能源,改变我国的能源主体结构。

4.本法有关规定包括:给予投资者的保障;可接受外国投资的领域;外国投资的方式及各种出资形式;不动产领域的投资;出资及评估;外资谈判及审批程序;适用于外资的银行制度、进出口制度、劳工制度、税收制度、不可预见储备金及保险制度、工商登记注册及财务报告制度;关于环境保护、合理使用自然资源、保护科技创新的相关规定;以及建立针对外国投资的管控措施及争端解决机制。

第二章　术语

第二条　本法及其实施条例所使用的术语及含义如下:

A.国际经济联合体:指由国内投资者与一个或几个外国投资者在国境内建立的联合体,分别或同时从事生产、服务、以合资企业或签订国际经济联合体合同方式进行盈利性活动。

B. 批准书：指由部长会议或国家中央管理机构负责人颁发的准许本法规定的各种外国投资以某种方式经营的证书。

C. 外国资本：指来自于国外的资本，也可以是外国投资者依照本法进行再投资的分红和收益部分。

D. 高级管理职务：指合资企业及外商独资企业中的领导机构和管理机构的成员职务，以及国际经济联合体合同中各合约方的代表。

E. 特许管理经营：指由部长会议授权，在规定的条款和条件下，临时性地从事公共服务管理、公共工程实施或公共资产开发的权利（证书）。

F. 国际经济联合体合同：一个或多个国内投资者与一个或多个外国投资者为共同实施国际经济联营行为而订立的协议，但并不新建一个有别于各合约方的法人。

G. 外商独资企业：指没有任何国内投资者或拥有外国资本的自然人参加的，完全由外国资本参与的企业实体。

H. 合资企业：指以记名股份有限公司形式组成的古巴商业公司，即一个或几个国内投资者与一个或几个外国投资者作为股东投资参股组成的公司。

I. 劳务派遣机构：指具有法人地位的古巴机构。它有权与合资企业或外商独资企业签订合同，应其请求提供所需的各类工作人员。这些人员与该机构签订劳动合同。

J. 报酬：指除奖励基金外，古巴劳动者和外国劳动者所得到的工资、收入及其他报酬，以及加薪、补偿和其他额外支付。

K. 外国投资：指外国投资者在授权的期限内、以本法规定的任何形式所进行的投入。这些投入要自行承担商业风险和预期收益，并对国家发展有所贡献。

L. 外国投资者：指成为合资企业的股东、外国独资企业的投资者或国际经济联合体合同合约方的，居住或注册地址在国外、拥有外国资本的自然人或法人。

M. 国内投资者：指成为合资企业的股东或国际经济联合体合同合约方的，具有古巴国籍且企业注册地址在古巴境内的法人。

N. 发展特区：指实行特殊的制度和政策，通过吸引外国投资、技术创新、产业集中等方式，着眼于扩大出口、有效替代进口、创造就业机会，与国内经济保持紧密联系，以促进经济可持续发展为目标的特定区域。

第三章　投资者保障

第三条　古巴政府保证外国投资者在批准的投资期限内获得的利益及所做投资得到维护。

第四条　1. 在古巴境内的外国投资享受充分的保护和法律保障。外国投资不能被征用，除非根据共和国宪法、现行法律及古巴签署的有关投资国际协定的相关规定，部长会议宣布将其用于社会公益目的。这种征用须按双方商定的商业价值以可自由兑换货币进行应有的赔偿。

2. 如未就商业价值达成一致，则由一家经财政和价格部批准、具备国际声誉且由双方共同聘请的商业评估机构进行定价。如各方在选定上述机构上存在不同意见，将通过抽签或司法途径确定。

第五条　在古巴境内的外国投资根据古巴法律或古巴法院裁决受到保护，不受第三方根据其他国家法律治外法权提出的申诉的约束。

第六条　1. 合资企业、国际经济联合体合同合约方、外商独资企业在其获准开展业务的期限到期之前，可向原批准机构提出延期申请。原批准机构可同意给予延长。

2. 如到期不延，将根据其成立文件及现行法律规定，对合资企业、国际经济联合体合同或外商独资企业进行清算。除非合同另有约定，属于外国投资者的资产将以可自由兑换货币支付。

第七条　1. 经各方商定并经政府批准，国际经济联合体合同的外国合约方，可以任何方式将其全部或部分权利以等值的可自由兑换货币出售或转让给古巴政府、第三方或国际经济联合体合同的其他合约方，合同另有约定的除外。

2. 经政府批准，外商独资企业的外国投资者，可以任何方式将其全部或部分权利以等值的可自由兑换货币出售或转让给古巴政府或第三方，合同另有约定的除外。

第八条　本法上述第六、七条所涉及的属于外国投资者的资产金额将由相关各方协商确定。如有必要,可随时在相关进程中选定经财政和价格部批准且具备国际声誉的商业评估机构作为第三方来确定金额。

第九条　1.国家保证外国投资者不需要缴纳汇出税或其他与汇款有关的捐税便可以自由兑换货币将以下所得向境外汇出:

A.投资开发所得的分红、收益。

B.本法第四、六、七条所规定的款项。

2.在合资企业、国际经济联合体合同合约方、外商独资企业工作的外国人,只要不是古巴永久居民,均有权将其所得财产收入根据古巴中央银行的相关规定汇出境外。

第十条　合资企业、国际经济联合体合同合约方中的国内投资者和外国投资者,在他们被批准的(经营)期限内,均应缴纳本法规定各种捐税。

第四章　外国投资的行业范围和机会目录

第十一条　1.除国民医疗卫生、教育和武装机构(军队企业系统除外)外,外国投资可获准进入其他各行业。

2.部长会议批准鼓励外国投资的领域及相关的整体政策和行业政策,外贸外资部负责颁布《投资机会目录》。

3.国家中央行政管理部门和机构、获得外国投资的国有单位,有义务根据已批准的政策确定并向外贸外资部提交外国投资项目方案建议。

4.外贸外资部应每年向部长会议报告为国家中央行政管理部门和机构、获得外国投资的国有单位所编写的《投资机会目录》的结构和更新情况。

第五章　关于外国投资

第一部分　外国投资方式

第十二条　本法所定义的外国投资为:

A.直接投资,是指外国投资者以股东身份向合资企业或外商独资企业参股,或向国际经济联合体合同出资,实际参与业务管理。

B. 在没有直接投资的条件下，以股票或其他公募、私募有价证券方式进行的投资。

第十三条 1. 外国投资可采取下列方式：

A. 合资企业。

B. 国际经济联合体合同。

C. 外商独资企业。

2. 国际经济联合体合同包括不可再生自然资源的风险勘探合同，建筑合同，农业生产合同，酒店管理、生产管理或服务管理合同，以及专业服务提供合同。

第二部分　关于合资企业

第十四条 1. 合资企业是指由合资各方组成一个不同于各方的股份公司法人，股份采用记名方式且符合现行法律。

2. 外国投资者与本国投资者的出资比例由各股东方协商达成一致意见，并在(合资企业)批准书内予以规定。

3. 合资协议由各股东方签署，包括拟开发业务的基本管理条款。

4. 合资企业的成立需经过公证方可生效。公证时应附上订立的公司章程、成立批准书和合资协议。

5. 公司章程包含企业的组织和运营方面的条款规定。

6. 合资企业进行工商注册即获得法人资格。

7. 合资企业成立后，经各股东方同意，并经原(成立)批准部门批准后，可变更股东。

8. 合资企业可在境内外建立办公室、代表处、分公司和子公司，也可在国外的机构参股。

9. 合资企业的解体和清算按公司章程相关规定办理，并需遵守现行法律。

第三部分　国际经济联合体合同

第十五条 1. 国际经济联合体合同具有且不限于以下特点：

A. 不涉及新建一个有别于各合约方的法人。

B. 可开展批准书中规定的任何活动。

C. 各合约方可在不违背已获批准的宗旨、批准书相关规定及现行法律前提下,自行制定符合其利益的所有契约及条款。

D.各合约方出资额不同,形成一笔始终属于各方所有的股本积累,虽然不构成注册资本,也可形成一笔共同基金,只要各合约方出资比例明确。

2.国际经济联合体合同中的酒店管理、生产管理、服务管理或专业服务提供合同,不需积累股本或设立共同基金,但应具有本条第3款、第4款的特点。

3.国际经济联合体合同中的酒店管理、生产管理、服务管理合同,致力于为客户提供最佳服务或高质量产品,通过使用国际知名品牌及其广告,以及从外国投资者的国际市场营销推广中获益。这些合同具有且不局限于以下特点:

A.外国投资者以(古巴)本国投资者的名义,代表本国投资者开展业务,须遵守签订的管理合同。

B.不分享所得收益。

C.外国投资者根据其经营结果获取报酬。

4.国际经济联合体合同中的专业服务提供合同,具有且不局限于以下特点:

A.与国际知名的外国咨询公司签订。

B.提供包括审计服务、会计咨询、估价服务、企业融资、(企业)组织重组服务,市场营销、经营管理及保险中介服务等在内的各项服务。

5.国际经济联合体合同须经过公证,且完成工商注册后方可生效。

6.国际经济联合体合同一经批准,未经各合约方达成一致并经原批准单位核准,任何合约方不可修改。

7.国际经济联合体合同的终止,按照合同有关规定办理,且需符合现行法律规定。

第四部分　外商独资企业

第十六条　1.外商独资企业中,外国投资者行使领导权,享有批准书上规定的一切权利并承担所规定的一切义务。

2.工商注册登记后,外商独资企业的外国投资者可在(古巴)境内建立:

A. 作为自然人,以其个人名义开展活动。

B. 作为法人,经公证设立其所拥有的外国机构在古巴的子公司,子公司以记名股份公司的形式出现。

C. 作为法人,设立一家外国机构在古巴的分公司。

3. 以子公司形式设立的外商独资企业,可在古巴境内外设立办公室、代表处、分公司或子公司,也可在国外的机构参股。

4. 以古巴子公司形式设立的外商独资企业,其解体和清算,须按照公司章程的有关规定办理,且符合现行法律规定。

5. 作为自然人和以分公司形式设立的外商独资企业,其被批准的经营活动的终止须按照批准书的相关规定办理,且符合现行法律规定。

第六章　不动产投资

第十七条　1. 按照本法规定的投资方式,可投资于不动产,并取得该不动产的产权或其他财产权利。

2. 上述提及的不动产投资可投于:

A. 用于私人居住或旅游目的的住房及其他建筑物。

B. 外国法人的住宅及办公处所。

C. 以旅游业开发为目的的不动产项目。

第七章　出资与评估

第十八条　1. 根据本法,出资包括以下形式:

A. 以货币出资,对外国投资者来讲为可自由兑换的货币。

B. 以机械、设备或其他有形资产。

C. 以知识产权及其他无形资产的产权。

D. 以动产、不动产的产权及其他权利,包括使用权和地上权。

E. 其他资产和权益。

未以可自由兑换货币形式的出资,要以可自由兑换货币进行评估作价。

2. 出资如涉及国有资产的产权或其他权利向国内投资者转移的,须遵守共和国宪法确定的原则,事先得到财政和价格部的认可,听取相关部门、机构或单位的意见后,经部长会议或其执行委员会批准,方可按程序进行。出资如涉及知识产权及其他无形资产的产权,须遵照相关法律规定执行。

3. 以可自由兑换货币出资的,按其国际市场价值定价,如要将其兑换成古巴比索则按古巴中央银行汇率牌价折算。作为外国投资者出资的可自由兑换货币须根据现行法律规定通过获准在(古巴)国内从事相关业务的银行机构进入古巴,并存放于该银行机构。

4. 外国投资者以非货币形式出资,作为合资企业、外商独资企业注册资本金或构成国际经济联合体合同出资的,投资各方根据国际通行的评估标准自由协商确定评估方法以后,由财政和价格部授权的机构颁发权威证书证明其价值,并同时进行公证。

第八章　外资的谈判与批准

第十九条　1. 建立一个国际经济联合体,国内投资者应同外国投资者商谈投资所涉及的各个方面,包括经济可行性、各自相应的出资额、联合体的领导和管理形式,以及组成联合体所需的法律文件。

2. 如果为外商独资企业,外贸外资部将告知投资者,古巴负责该投资行业、分支行业或经济活动的单位,该单位对外资项目申请进行评估并出具书面批准。

第二十条　古巴政府准许不损害国防与国家安全、国家遗产和环境的外国投资。

第二十一条　1. 对于在境内进行的外国投资,根据不同的投资行业、方式及其特点,由以下国家机关批准:

A. 国务委员会。

B. 部长会议。

C. 获得授权的国家中央行政管理机构的负责人。

2. 以下领域的外国投资,不管采取何种投资方式,须由国务委员会批准:

A. 涉及不可再生的自然资源勘探或开发,但本条第 3 款 D 中同意并批准的国际经济联合体风险合同除外。

B. 涉及公共服务管理,例如交通、通信、供水、供电、公共工程建设或公共资产开发。

上述领域的外国投资经国务委员会批准后，由部长会议签发批准书。

3. 涉及以下情况的外国投资，由部长会议批准并签发批准书：

A. 不动产开发；

B. 外商独资企业；

C. 古巴国有资产或者国有资产其他权益的转让；

D. 不可再生的自然资源开采和生产的国际经济联合体风险合同；

E. 有(外国)国家资本参与的外国公司投资；

F. 可再生能源的利用；

G. 医疗卫生、教育和军队机构的企业系统；

H. 其他不需国务委员会批准的情况。

4. 部长会议可根据外国投资的不同方式和行业领域，授权相关国家中央行政管理机构的负责人审批所负责领域的外国投资。

第二十二条 1. 成立合资企业、外商独资企业及签订国际经济联合体合同，应根据本法配套实施条例的有关规定，向外贸外资部提出相关申请。

2. 根据现行法律规定，涉及公共服务管理、公共工程建设或公共资产开发的投资，经国务委员会批准后，部长会议颁发给投资者在规定的条款和条件下特许管理经营(证书)。

3. 主管机关须在申请提出之日起 60 个自然日内做出拒绝或允许外国投资的决定，并告知申请人。

由国家中央行政管理机构负责人审批的外国投资，须在受理之日起 45 个自然日内做出决定。

第二十三条 对批准书条款的任何修改需由相关主管机关根据本法第二十一条之规定批准同意。

第二十四条 应投资者要求，外贸外资部可对批准书规定的条件做出解释。

第九章 银行制度

第二十五条 1. 合资企业、国际经济联合体合同各合约方中的国

内外投资者及外商独资企业,根据现行货币制度,在国家银行系统内的任何一家银行开立账户,通过上述账户进行业务开展所需的收款和支付,还可享受古巴境内的各金融机构提供的各项服务。

2. 合资企业及国际经济联合体合同中的国内投资者,根据现行法律法规,并经古巴中央银行事先批准,可在境外银行开立可自由兑换货币账户并进行交易。同时,还可根据现行的相关法规,与外国金融机构商讨信贷业务。

第十章　进出口制度

第二十六条　1. 合资企业、国际经济联合体合同各合约方中的国内外投资者及外商独资企业,有权按照相关规定直接出口和进口其经营所需的物资。

2. 合资企业、国际经济联合体合同各合约方及外商独资企业,在与国际市场同质、同价和交货期限相同的情况下,应优先在(古巴)国内市场采购相关商品和服务。

第十一章　劳工制度

第二十七条　外国投资活动须遵守古巴共和国现行的劳动法和社会保障法,以及本法及其实施条例的相关规定。

第二十八条　1. 为外国投资经营活动工作的劳动者,一般应为古巴人或持有古巴常住身份的外国人。

2. 尽管如此,合资企业、外商独资企业或国际经济联合体合同各合约方的领导和管理机构,有权决定某些高级领导职务或某种技术性工作岗位可由无常住古巴身份的外国人担任。在这种情况下,应制定相应的劳工制度及此类劳动者的权利及义务。

3. 被雇佣的非常住古巴的劳动者应遵守国家现行的移民和外国人管理规定。

第二十九条　1. 合资企业、国际经济联合体合同各合约方及外商独资企业,经外贸外资部批准,可设立激励基金,用以激励为其工作的古巴人和常住古巴的外国人。激励基金款可从盈利中提取。

2. 酒店管理、生产管理或服务管理合同及专业服务提供合同,无需创建前一条款所提及的激励基金。

第三十条 1.在合资企业任职的古巴人或常住古巴的外国人,除领导和管理机构成员外,应与由外贸外资部提议并经劳动和社会保障部批准的劳务派遣机构签订劳动合同。

合资企业的领导和管理机构成员由股东大会任命,并与合资企业建立劳动关系。

只有在合资企业批准书另有规定的特殊情况下,合资企业的所有人员可直接与企业签订劳动合同,但必须符合现行的劳动聘用相关法律法规。

2.为国际经济联合体合同各合约方工作的古巴劳动者或常住古巴的外国人,应由古巴合约方根据现行的劳动聘用法律法规与其签订劳动合同。

3.除高级领导和管理机构成员外,外商独资企业如需古巴劳动者或常住古巴的外国人为其工作,应与由外贸外资部提议并经劳动和社会保障部批准的劳务派遣机构签订劳动派遣合同。

外商独资企业的领导和管理机构成员由独资企业任命,并与独资企业建立相应劳动关系。

4.古巴劳动者和常住古巴的外国人的劳动报酬以古巴比索支付。

第三十一条 1.上一条款中提到的劳务派遣机构,根据现行相关法律与古巴劳动者和常住古巴的外国人签订劳动合同,建立劳动关系。

2.如合资企业或者外商独资企业认为某员工不能满足工作需要,可向劳务派遣机构要求更换人员。任何劳工索赔均根据具体法律规定的程序在劳务派遣机构解决。

第三十二条 尽管有本章上述条款规定,但作为例外,在批准外国投资的批准书中,可制定特别的劳动规定。

第三十三条 根据现行法律规定,古巴劳动者有参与获取可产生经济、社会或环境效益的技术创新和组织创新成果的权利。

第十二章 特别税收体制

第三十四条 合资企业、国际经济联合体合同各合约方中的国内外投资者,其纳税义务和纳税人权利遵循现行相关法律规定,并适用下述条款。

第三十五条　合资企业及国际经济联合体合约方中的外国投资者自股息和经营盈利所获得的收入,免交个人所得税。

第三十六条　1. 合资企业、国际经济联合体合同各合约方中的国内外投资者按应税净收入的 15%缴纳企业所得税。

2. 合资企业、国际经济联合体合同各合约方自成立起的 8 年内免征企业所得税。部长会议可批准延长免税期限。

3. 经主管部门批准,用于古巴境内再投资的净收入或其他收入免缴企业所得税。

4. 对于从事可再生或不可再生自然资源开发,部长会议可决定提高其企业所得税税率,最高可至 50%。

第三十七条　1. 从事批发的合资企业、国际经济联合体合同各合约方中的国内外投资者,享受销售税税率减免 50%的优惠。

2. 合资企业、国际经济联合体合同各合约方中的国内外投资者在投资经营的第一年免缴销售税。

第三十八条　1. 合资企业、国际经济联合体合同各合约方中的国内外投资者,享受服务税税率减免 50%的优惠。

2. 合资企业、国际经济联合体合同各合约方中的国内外投资者在投资经营的第一年免缴服务税。

第三十九条　合资企业、国际经济联合体合同各合约方中的国内外投资者免缴劳动力使用税。

第四十条　合资企业、国际经济联合体合同各合约方中的国内外投资者应缴纳海滩开发使用税、河流排污税、港湾开发使用税、林业资源和野生动物资源开发使用税、地下水资源使用税,投资回收期内可享受税率减免 50%的优惠。

第四十一条　合资企业、国际经济联合体合同各合约方中的国内外投资者,在投资过程中按照古巴财政和价格部相关规定进口设备、机械和其他器具,免缴关税。

第四十二条　合资企业、国际经济联合体合同各合约方中的国内外投资者及外商独资企业应缴纳地方发展土地贡献金。

在投资回收期内,合资企业、国际经济联合体合同各合约方中的国内外投资者免缴地方发展土地贡献金。

第四十三条　1.从事酒店管理、生产管理、服务管理及提供专业服务的国际经济联合体合同各合约方中的国内外投资者不适用上述条款,应按照《税法》及其配套法规纳税。

2.前一条款提及的国际经济联合体合同各合约方中的外国投资者,免缴销售税和服务税。

第四十四条　外商独资企业在其经营期限内应按照现行法律纳税,不得损害财政和价格部规定的符合国家利益的财政收益。

第四十五条　根据本法宗旨,古巴共和国海关可根据现行法律规定,在报关手续和海关管理制度方面给予本章提及的自然人和法人特殊便利。

第四十六条　关税及其他海关税费的缴纳适用现行相关法律,但部长会议在批准投资方式时另有规定的除外。

第四十七条　财政和价格部根据外贸外资部的意见,考虑到投资的收益和数额、资本的回收、部长会议关于经济优先发展领域的指示及其对国民经济带来的收益,按照现行税法规定,可给予本法认可的任何形式的外国投资全部或部分的、临时或长期的免税,或给予其他财政优惠。

第十三章　储备金和保险

第四十八条　1.合资企业、国际经济联合体合同各合约方中的国内外投资者、外商独资企业须用其盈利设立一笔储备金,以应对运营过程中可能发生的突发事件。

2.前一款提及的储备金建立、使用及结算的程序,由财政和价格部制定。

第四十九条　在不影响前款所述储备金的情况下,合资企业、国际经济联合体合同各合约方中的国内外投资者、外商独资企业可根据财政和价格部的相关规定自愿设立其他储备金。

第五十条　1.合资企业、国际经济联合体合同各合约方中的国内外投资者、外商独资企业必须购买一切类型及责任的财产保险。在国际同等竞争条件下,应优先考虑选择古巴保险公司。

2.国有企业和本国其他组织以租赁形式提供的工业设施、旅游设施或其他种类的设施或土地,由承租人根据前一款提及的条件以出租人为受益人投保。

第十四章　财务登记与报告制度

第五十一条　在开展业务之前,合资企业、国际经济联合体合同各合约方中的国内外投资者、外商独资企业自接到批准书之日起30个自然日内取得所需的公证文件,并应在此后的30个自然日内完成工商注册登记。

第五十二条　合资企业、国际经济联合体合同各合约方、外商独资企业应执行财政和价格部颁布的古巴财务报告规定。

第五十三条　1.上一条所述的合资企业、国际经济联合体合同各合约方、外商独资企业应根据本法配套实施条例的相关规定,向外贸外资部提交年度经营报告及其他要求提交的信息。

2.前款提及的年度报告还应分别向财政和价格部、相关税务管理部门、国家统计信息办公室提交,国家经济计划编制和管控办法要求的信息也应同时提交。

第十五章　科学技术、环境和创新

第五十四条　鼓励并授权外国投资在促进国家可持续发展的背景下开展业务活动,在所有阶段都应关注技术引进、环境保护和自然资源的合理利用。

第五十五条　外贸外资部应将收到的投资建议方案提交科技和环保部从环保的角度审议评估。科技和环保部应根据现行法律规定,决定是否需要进行环境影响评估、授予环境许可证,以及建立监控和检查制度。

第五十六条　1.科技和环保部应制定相应措施,以妥善应对环境及自然资源的合理利用所受到的损害、危险或风险。

2.造成损失或损害的自然人或法人，必须恢复原有的环境状况，并根据具体情况给予修复或相应赔偿。

第五十七条　外贸外资部将收到的投资建议方案提交科技和环保部进行审议。科技和环保部将对其技术可行性、必要的知识产权保护和管理措施进行评估，以保障古巴的技术主权。

第五十八条　在各种外国投资方式内取得的应受到知识产权保护的科研成果，须根据外国投资成立文件的规定办理，并遵守现行法律的相关规定。

第十六章　管控措施

第五十九条　1.各种方式的外国投资须遵守现行法律规定的管控措施。相关管控由外贸外资部、国家其他中央行政机关和机构、各相关领域国家职能单位负责。

2.管控的目的是评估以下且不局限于以下要求的完成情况：

A.现行法律法规；

B.批准各项业务设立及实施的要求条件。

第十七章　争端解决机制

第六十条　1.合资企业合伙人之间、国际经济联合体合同各合约方中的国内外投资者之间及以记名股份公司形式出现的外商独资企业合伙人之间产生的纠纷，应根据公司或联合体成立文件之规定解决，但本章中另有规定的情况除外。

2.当一名或多名合伙人与他或他们所属的合资企业或外商独资企业发生纠纷时，按同样规定处理。

3.本法规定的各类外国投资方式中，因古巴国家机构的不作为而产生的纠纷，以及各类外国投资形式的解体、倒闭及清算，一律由相关省的人民法院经济厅裁决。

4.除非批准书另有规定，合资企业合伙人之间、以记名股份公司形式出现的外商独资企业合伙人之间或从事自然资源开发、公共服务和公共工程的国际经济联合体合同各合约方中的国内外投资者之间产生纠纷,应由相关省的人民法院经济厅裁决。

上述规定也适用于一名或多名合伙人与他或他们所属的合资企业或外商独资企业产生的纠纷。

第六十一条 本法规定的各类外国投资方式之间,或它们与古巴法人或自然人之间,因履行经济合同而产生的诉讼,可由相关省的人民法院经济庭裁决,但这不影响当事人根据古巴法律通过仲裁途径来解决。

特别规定

第一:合资企业、国际经济联合体合同各合约方中的国内外投资者、外商独资企业应遵守有关防灾减灾的现行法律规定。

第二:只要不与发展特区运营相抵触,本法及其配套实施条例和补充规定均适用于发展特区内的外国投资,并按照发展特区相关特别规定予以调整。在与上述规定不冲突的前提下,如本法的特别规定可使特区内的投资获得更多优惠则可适用本法。

临时规定

第一:本法适用于国际经济联合体、现存的及本法生效时已经运营的外商独资企业。

根据1982年2月15日颁布的50号法令《古巴机构和外国机构建立的经济联合体》及1995年9月5日颁布的77号法《外商投资法》给予国际经济联合体和外商独资企业的优惠将在其营业期限内受到保护。

第二:本法生效时处于审批过程中的外国投资申请,适用本法。

第三:为更好地实施1995年9月5日所颁布的77号法令而由国家中央行政管理部门制定的配套补充规定,只要不与本法相悖,将继续实行。相关部门须在本法生效之日起的3个月内,对这些规定进行检查,并根据外贸外资部的意见进行相应修订以与本法相协调。

第四:合资企业、国际经济联合体合同各合约方、外商独资企业,经部长会议特别批准,可使用古巴比索进行某些特定款项的收支。

第五:为了根据本法第三十条第4款规定支付古巴比索,应事先以可兑换比索兑换上述所需金额的古巴比索。

第六：尽管关税及其他海关税费可能以古巴比索计价，投资者也应以可兑换比索缴纳。

第七：上述第四条、第五条和第六条规定，在古巴实现货币并轨之前保持有效。货币并轨后，本法的义务主体将适用相应的法规。

最后规定

第一：部长会议将制定本法配套实施条例，并在本法批准后的 90 天内颁布。

第二：1995 年 9 月 5 日颁布的第 77 号法令《外商投资法》，1996 年 6 月 3 日颁布的第 165 号法令《保税区和工业园区法》，部长会议执行委员会 2004 年 10 月 18 日颁布的第 5279 号决议、2004 年 1 月 1 日颁布的 5290 号决议、2008 年 6 月 9 日颁布的第 6365 号协议，以及其他与本法相抵触的各项法规，均予以废除。

第三：本法自批准通过 90 天后生效。

第四：本法连同其实施条例及其他补充规定将一并在古巴共和国官方公报上予以公布。

2014 年 3 月 29 日于哈瓦那会议宫古巴全国人民政权代表大会会议厅。

胡安·埃斯特万·拉索·埃尔南德斯

（驻古巴使馆经济商务参赞处翻译整理，2014 年 6 月 11 日）

参 考 文 献

概况、区域地质、地质构造

[1] 商务部国际贸易经济合作研究院. 对外投资合作国别(地区)指南(古巴),2020.

[2] USGS. 2021. 2016 Minerals Yearbook(Cuba).

[3] IHS. 1998a. North Cuban Province Monitor Report.

[4] IHS. 1998b. North Cuban Province Monitor Report.

[5] Alvarez L W, Alvarez W, Asaro F and Michel H V. Extraterrestrial cause for the Cretaceous-Tertiary extinction[J]. Science,1980,208(4448):1095-1108.

[6] Bazhenov M L, Pszczolkowski A, Shipunov S V. Reconnaissance paleomagnetic results from western Cuba[J]. Tectonophysics,1996,253(1-2):65-81.

[7] Coccioni R, Galeotti S. KT boundary extinction:Geologically instantaneous or gradual event? Evidencefrom deep-sea benthic foraminifera[J]. Geology,1994,22(9):779-782.

[8] Escalona A, Yang W. Subsidence controls on foreland basin development of northwestern offshore Cuba, southeastern Gulf of Mexico [J]. AAPG Bull, 2013,97(1):1-25.

[9] Giunta G, Beccaluva L, Siena F. Caribbean Plate margin evolution:Constraints and current problems[J]. Geologica Acta,2006,4(1-2):265-277.

[10] Hildebrand A R, Penfield G T, Kring D A, Pilkington M, Zanoguera A C, Jacobsen S B and Boynton W V. Chicxulub Crater:A possible Cretaceous/Tertiary boundary impact crater on the Yucatan Peninsula, Mexico[J]. Geology,1991,19:867-871.

[11] Kerr A C, Iturralde-Vinent M A, Saunders A D, Babbs T L and Tarney J. A new plate tectonic model of the Caribbean:Implications from a geochemical reconnaissance of Cuban Mesozoic volcanic rocks[J]. GSA Bulletin,1999,111(11):1581-1599.

[12] Meschede M, Frisch W. A plate-tectonic model for the Mesozoic and Early

Cenozoic history of the Caribbean plate[J]. Tectonophysics,1998,296(3-4):269-291.

[13] Officer C B,Hallam A,Drake C L and Devine J D. Late Cretaceous and paroxysmal Cretaceous/Tertiary extinctions[J]. Nature,1987,326(6109):143-149.

[14] Pessagno E A,Cantú-Chapa A,Hull D M,Kelldorf M,Longoria J F,Martin C,Meng X,Montgomery H,Fucugauchi J U and Ogg J G. Stratigraphic Evidence for Northwest to Southeast Tectonic Transport of Jurassic Terranes in Central Mexico and the Caribbean (Western Cuba) [C]//Sedimentary Basins of the World. Elsevier,1999,4:123-150.

[15] Pszczólkowski A. The Exposed Passive Margin of North America in Western Cuba [C]//Sedimentary Basins of the World. Elsevier,1999,4:93-122.

[16] Saura E,Verges J,Brown D,Lukito P,Soriano S,Torrescusa S,Garcia R,Sanchez J R,Sosa C and Tenreyro R. Structural and tectonic evolution of Western Cuba fold and thrust belt[J]. Tectonics,2008,27(TC4002):1-22.

[17] Schneider J,Bosch D,Monie P,Guillot S,Garcia-Casco A,Lardeaux J M,Torres-Roldan R L and Trujillo G M. Origin and evolution of the Escambray Massif(Central Cuba):An example of HP/LT rocks exhumed during intraoceanic subduction [J]. Journal of Metamorphic Geology,2004,22(3):227-247.

[18] 周道华.古巴前陆盆地三区块石油地质特征及勘探潜力分析[J].海洋石油,2009,29(4):10-18.

[19] 陈榕,等.古巴推覆构造带周边盆地充填序列及其构造演化[J].大地构造与成矿学,2014(8):530-543.

[20] 张发强,殷进垠,王骏,等.北古巴地区构造沉积演化及含油气特征[C]//第八届古地理学与沉积学学术会议论文摘要集,2004.

[21] Yadira Soto-Viruet. The Mineral indusTry of Cuba,2016.

[22] Manuel Enrique Pardo Echarte. Geology of Cuba,2021.

[23] 胡安·鲁伊斯·昆塔纳.思必锐外事翻译部译.古巴矿业概况[M].徐州:中国矿业大学出版社,2007.

[24] Geology of Cuba. Manuel Enrique Pardo Echarte Exploration Scientific-Research Unit Centro de Investigación del Petróleo El Cerro,La Habana,Cuba,2021.

[25] 何焕华.世界镍工业现状及发展趋势[J].有色冶炼,2001,12(6):1-3.

地质工作回顾及现状

[1] Fernández de Castro M,Salterain P(1883) Croquis Geológico de la Isla de Cuba a

escala 1:2000000. Bol. Map Geol, España, Madrid, 8.

[2] Pérez Aragón RO, García Delgado DE et al. (2016) Mapa Geológico Digital de Cuba a escala 1:100000. Archivo IGP-SGC, Inédito.

[3] Brödermann J, De Albear JF y Andreu A (1946) Croquis Geológico de Cuba a escala 1:1000000. Comisión Técnica de Montesy Minas del Ministerio de Agricultura. La Habana Cuba. Primera edición.

[4] Pérez Aragón RO y otros (2017) Instrucción Metodológica para el Mapa Geológico de Cuba a escala 1:50000. IGP-SGC. Inédito.

[5] Cabrera Castellanos M (2016) Grado de estudio del Territorio Marino-Costero de Cuba. Instituto de Geologíay Paleontología, Inédito.

[6] Linares Cala E, Osadchiy PG y otros (1985) Mapa Geológico de la República de Cuba a escala 1:500000. Centro de Investigaciones Geológicas (CIG). Printed on the"Kart Fabrica" of the Institute of Geological Research of the USSR "A. P. Karpinski"(VSEGI in Russian) Leningrad. USSR.

[7] Wikipedia (2017). Digital Enciclopedia of free content 8. Núñez Jiménez A, Andreu A, Bogatiriov BS, Novajatsky IP, Judoley KM et al. (1962) Mapa Geológico de Cuba a escala 1:1000000. Instituto Cubano de Recursos Minerales, Ministerio de Industrias, La Habana.

[8] De Albear JF, Iturralde Vinent MA, Carrassou G, Mayo NA, Peñalver LL(1977) Memoria Explicativa del Mapa Geológico escala(sic) 1:250000 de las Provincias de La Habana, Informe. Inventario 2819, ONRM. Inédito.

[9] Kantchev I, Boyanov I y otros (1981) Geología de la Provincia de Las Villas. Resultado de las Investigaciones y Levantamiento Geológico a escala 1:250000, Realizados Durante el Período 1969-1975. Informe. Archivo ONRM. Inventario 2434. Inédito.

[10] Adamovich AF, Formell F et al. (1980) La cartografía geológica a escala 1:250000 del Archipiélago de los Canarreos. Archivo IGP-SGC, Inédito.

[11] Pushcharovsky YM, Mossakovskiy AA y otros (1988) Mapa Geológico de Cuba a escala 1:250000. Instituto de Geología y Paleontología. Printed on the Cart Factory of the Institute of Geological Research of the USSR "A. P. Karpinski" (VSEGI), Leningrad. USSR.

[12] Pushcharovsky YM, Mossakovskiy AA y otros (1989) Mapa Tectónico de Cuba a escala 1:500000. Instituto de Geología y Paleontología. Printed on the Cart Factory

of the Institute of Geological Research of the USSR"A. P. Karpinski"(VSEGI),
Leningrad. USSR.

[13] Colectivo de Autores(1989) Nuevo Atlas Nacional de Cuba. Academia de Cien-
cias de Cuba. Editorial Científifico Técnica,La Habana,Cuba.

[14] Piñero Pérez EC y otros(1992) Informe sobre los resultados del Levantamiento
Geológico Complejo. Polígono Camagüey Ⅲ, Sector"Loma Jacinto". Archivo ON-
RM. Inventario 04191. La Habana. Inédito.

[15] Arcial Carratalá F,Milián E,Rodríguez S y Bueno I(1994) Informe levantamiento
geológico 1:50000 parte norte de Villa Clara"Esperanza-Santo Domingo". Archivo
ONRM. Inventario 04311. La Habana. Inédito.

[16] García Delgado DE et al. (1998) Texto Explicativo al Mapa Geológico de Cuba
Central (provincias Cienfuegos,Villa Clara y Sancti Spíritus) a escala 1:100000.
Archivo IGP-SGC,Inédito.

[17] Belmustakov E y otros(1981) Geología del Territorio Ciego-Camagüey-Las Tunas.
Resultados de las investigaciones y levantamiento geológico a escala 1:250000. Ar-
chivo ONRM. Inventario 02892. La Habana. Inédito.

[18] Dublan L,Álvarez H y otros(1987) Informe del Levantamiento Geológico 1:50000
Zona Centro. Archivo ONRM. Inventario 03562. La Habana. Inédito.

[19] Lobik I,Dostal D,Zimmerhall P,Rodríguez R,Darias JL y Fernández J (1986)
Informe Final del Levantamiento Geológico 1:100000 Escambray Ⅱ Zona Este 1985-
1986. Archivo ONRM. Inventario 03515. La Habana. Inédito.

[20] Pavlov I y otros(1970) Informe sobre los trabajos búsqueda-levantamiento a escala
1:50000,realizados en 1969-1970 en el área comprendida entre las ciudades de
Cumanayagua y Fomento (Provincia de Las Villas). Archivo ONRM. Inventario
01299. La Habana. Inédito.

[21] Maksimov A,Grachev G y Sosa R(1968) Geología y Minerales Útiles de las pend-
ientes noroccidentales del sistema montañoso Escambray. Informe sobre los trabajos
búsqueda-levantamiento a escala 1:50000,realizados en la parte Sur de la provin-
cia de Las Villas, en 1966-1967. Archivo ONRM. Inventario 01289. La
Habana. Inédito.

[22] Piotrowska K,Pszczolkowski A y otros (1981) Texto Explicativo para el Mapa
Geológico en la escala (sic) 1:250000 de la provincia de Matanzas,Informe. Ar-
chivo ONRM. Inventario 3423. Inédito.

[23] Stanik E y otros(1981)Informe de los levantamientos geológico,geoquímico y tra-
bajos geofísicos,realizados en la parte sur de Cuba Central en las provincias de
Cienfuegos,Sancti Spíritus y Villa Clara. Archivo ONRM. Inventario 02882. La Ha-
bana. Inédito.

[24] Vasiliev E y otros(1989)Informe Levantamiento Geológico 1:50000 y Búsqueda
Norte Las Villas Ⅱ Jíbaro-Báez. Archivo ONRM. Inventario 03879. La
Habana. Inédito.

[25] Vázquez C y otros(1993)Informe Levantamiento Geológico 1:50000 y Búsqueda
Norte Las Villas Ⅲ. Archivo ONRM. Inventario 04239. La Habana. Inédito.

[26] Zelenka P y otros (1991) Informe Levantamiento Geológico Escambray Ⅱ 1:
100000 Zona Oeste. Archivo ONRM. Inventario 04509. La Habana. Inédito.

[27] García Delgado DE,Gil S y otros(2003)Informe del Proyecto 228. Generalización
y Actualización Geológica de la Provincia de Pinar del Río a escala 1:100000.
Archivo IGP-SGC. La Habana. Inédito.

[28] Abakumov B,Stepanov V y Hernández A(1967)Estructura geológica y minerales
útiles de la región Viñales en la provincia de Pinar del Río. Informe sobre el Levan-
tamiento Geológico en escala 1:50000 y la Búsqueda Detallada en escala 1:10000
en la parte central de la provincia de Pinar del Río efectuados en 1965-1967. Ar-
chivo ONRM. Inventario 00138. La Habana. Inédito.

[29] Astajov K et al. (1981)Trabajos de levantamiento geológico a escala 1:50000 en
la parte NO de la provincia de Pinar del Río (Hojas -3484-Ⅲ,3483-Ⅳ y 3483-Ⅲ-
A) Archivo ONRM. Inventario 02971. La Habana. Inédito.

[30] Biriukov B,Messina V,Ponce N y Navarro N(1968)Informe sobre los trabajos
Búsqueda y Levantamiento a escala 1:50000,realizados en los años 1967-1968 en
la parte oriental de la provincia de Pinar del Río(región de La Palma). Archivo
ONRM. Inventario 00143. La Habana. Inédito.

[31] Barrios E y otros(1988)Informe de Levantamiento Geológico a escala 1:100000 y
Búsqueda Acompañante "Pinar-Sur". Archivo ONRM. Inventario 03659. La Haba-
na. Inédito.

[32] Burov V y otros(1988)Informe sobre los trabajos de Levantamiento Geológico a
escala 1:50000 realizados en la parte Occidental de la provincial Pinar del Río
(hojas 3382-Ⅲ,Ⅳ; 3383-Ⅰ,Ⅱ,Ⅲ; 3482-Ⅳ-a,c;3483-Ⅲ-c)en los años 1981-
1985. Archivo ONRM. Inventario 03563. La Habana. Inédito.

[33] Cherepanov VM, Cuéllar A, Glebov ON y otros (1971) Informe de los trabajos de Búsqueda y Levantamiento a escala 1:50000 realizados en la parte noroeste de la provincia de Pinar del Río. Archivo ONRM. Inventario 00154. La Habana. Inédito.

[34] Martínez D, Fernández R y otros (1988) Informe sobre los resultados del Levantamiento Geológico y Búsqueda a escala 1:50000 en la parte Central de la provincia de Pinar del Río. Archivo ONRM. Inventario 03642. La Habana, Inédito.

[35] Martínez D y otros (1991) Informe sobre los resultados del Levantamiento Geológico y Prospección preliminar a escala 1:50000 Pinar-Habana. Archivo ONRM. Inventario 04002. La Habana. Inédito.

[36] Maksimov A, Mediakov I y otros (1981) Informe sobre los resultados de los trabajos de levantamiento geológico a escala 1:50000 en la zona de Bahía Honda (planchetas 3584-I, 3584-III parte norte) y (3584-IV). Archivo ONRM. Inventario 02867. La Habana, 1968. Inédito.

[37] Pszczolkowski A, Piotrowska K y otros (1975) Texto explicativo al Mapa Geológico a escala 1:250000 de la provincia de Pinar del Río. Informe. Archivo ONRM. Inventario 02430. Inédito.

[38] Babushkin V y otros (1990) Informe de los Trabajos de Levantamiento Geológico-Geofísico a escala 1:50000 y Búsqueda Acompañante en el municipio especial Isla de la Juventud en colaboración con la URSS. Archivo ONRM. Inventario 03880. La Habana. Inédito.

[39] Garapko I y otros (1974) La Composición Geológica y los minerales útiles de Isla de Pinos. Informe sobre el levantamiento geológico y las búsquedas a escala 1:100000 en los años 197-1974. Provincia de La Habana. Archivo ONRM. Inventario 02719. La Habana. Inédito.

[40] Millán G (1997) Estudios sobre la Geología de Cuba. Instituto de Geología y Paleontología. CNDIG. ISBN 959-243-002-0. 243-259.

[41] García Delgado DE, Delgado R y otros (2005) Informe del Proyecto 216. Generalización y Actualización Geológica de la Región Habana-Matanzas a escala 1:100000. Archivo IGP-SGC. La Habana. Inédito.

[42] Brönnimann P, Rigassi D (1963) Contribution to the geology and paleontology of the area of the city of Havana and its surroundings. Ecologae Geologicae Helveticae. 56(1).

区域地层、变质岩、岩浆岩

[1] Gignoux M (1950) Stratigraphic geology: W. H. Freeman and Co. , San Francisco. English edition (Fourth French edition trans: Woodford GG) 682.

[2] Fernández de Castro M, Salterain P (1869-1883) Croquis geológico de la Isla de Cuba. Bol Mapa Geol España, Madrid, 8.

[3] Fernández de Castro M (1877) Fósiles índices de la Isla de Cuba pertenecientes al género Asterostroma. Anales Acad Cienc Med Fis Nat Habana 13:549-553.

[4] Furrazola Bermúdez G, Judoley CM, Mijailovskaya MS, Miroliubov YS, Novojatsky IP, Nuñez Jiménez A, Solsona JB (1964) Geología de Cuba. Inst Nac Rec Miner, Minist Indust, Editorial Nacional de Cuba. Havana 1-239.

[5] Linares Cala E, Rodríguez R (1997) Grado de estudio geológico y geofísico de Cuba. Libro Estudios sobre Geología de Cuba. 479-490. CNDIG-IGP. ISBN. 959-243-002-0.

[6] Linares E, Osadchiy PG, Dovbnia VA, Gil S, García DE, García LM, Zuazo A, González R, Bello V, Brito A, Bush WA, Cabrera M, Capote C, Cobiella JL, Díaz de Villalvilla L, Eguipko OI, Evdokimov JV, Fonseca E, Furrazola G, Hernández J, Judoley CM, Kondakov LA, Markovskiy BA, Pérez M, Peñalver L, Tijomirov YN, Vtulochkin AN, Vergara F, . Zagoskin AM, Zelepuguin VN (1985) Mapa geológico de la República de Cuba a escala 1 : 500000. Minist Ind Bas Fábrica Cartográfifica, Instituto de Investigaciones Geológicas A. P. Karpinski, Leningrado.

[7] Albear JF, Boyanov I, Breznyanszky K, Cabrera R, Chejovich V, Echevarría B, Flores R, Formell F, Franco G, Haydutov I, Iturralde Vinent M, Kantchev I, Kartashov I, Kostadinov V, Millán G, Myczynski RE, Nagy V, Oro J, Peñalver L, Piotrowska K, Pszczolkowski A, Radocz J, Rudnicki J, Somin M (1988) Comisión de unififiicación del mapa geológico de la República de Cuba escala 1 : 250000, 40 Hojas. Academia de Ciencias de Cuba. Instituto de Geología y Paleontología, Edición Instituto de Geología de la URSS.

[8] Longoria JF (Julio-Diciembre, 1993) La terrenoestratigrafía: unensayo de metodología para el análisis de los terrenos con unejemplo de México: boletín de la asociación Mexicana de geólogos petroleros vol XLVIII(2): 30-48.

[9] Howell DG(1989) Tectonic of suspect terranes. Chapman and Hall, London, New York, Mountain building and continental growth 10. Howell DG et al (1985) Tectonostratigraphic terranes of the circum pacifific region. Council for Energy and

Mineral Resources, Houston, 3-30.

[10] Hatten CW, Somin M, Millán G, Renne PR, Kistler RW, Mattinson JM (1989) Tectonostratigraphic units of central Cuba. Trans Eleventh Caribe Geol Conf Barbados 35:1-14.

[11] Franco GL, Colectivo de redactores (2013) Léxico estratigráfifico de la República de Cuba. Instituto de geología y Paleontología servicio geológico de Cuba. Ministerio de energía y minas. Ofificializado en 1986, editado en 2002 y 2013 en su tercera versión. ISBN: 978-959-7117-58-2. Havana.

[12] Renne PR, Mattinson JM, Hatten CW, Somin M, Onstott TC, Millan G, Linares E (1989) 40 Ar 39 Ar and U-Pb evidence for late proterozoic (Grenville age) continental crust in north-central Cuba and tectonic implications. Precambric Res 42: 325-341.

[13] Linares E, García DE Delgado López O, López JG, Strazhevich V (2011) Yacimientos y manifestaciones de hidrocarburos de la República de Cuba. Centro nacional de información geológica. IGP-Ceinpet. p480. ISBN 978-959-7117-33-9. Imprenta PALCOGRAF, Havana.

[14] Pszczolkowski A (1986) Composición del material clástico de las arenitas de la formación San Cayetano, en la Sierra de Los Órganos, provincia de Pinar del Rio. Ciencias de La tierra y del espacio 11/86.

[15] Iturralde Vinent M, Roque F (1982) Nuevos datos sobre las estructuras diapíricas de punta alegre y turiguanó, Ciego de Ávila. Rev Ciencias de la Tierra y del Espacio 4:47-55.

[16] De Golyer E (1918) The geology of Cuban petroleum deposits: American assocation petroleum geology bulletin, vol 2. Tulsa. Okl. USA, 133-167.

[17] Iturralde VM (ed) (2012) Compendio geología de Cuba y del caribe. Segunda Edición CITMATEL DVD-ROM, Havana, Cuba 19. Haczewski G (1976) Sedimentological reconnaissance of the San Cayetano Formation. An accumulative continental margin in the jurassic. Acta Geologica Polonica 26(2):331-353.

[18] Fernández Carmona J, Areces A (1987) Estratigrafía del área Los Arroyos. Archivo del CEINPET, Havana, Provincia de Pinar del Río.

[19] Dueñas H, Linares E (2001) Asociaciones palinológicas de muestras de la formación San Cayetano: 0-1674, Archivo del CEINPET, MINEM, Havana (Inédito).

[20] Flores Nieves Aliena (2011) Estudio palinológico de la formación San Cayetano y su vinculación con la exploración de hidrocarburos. Archivo Universidad de Pinar del Rio y CEINPET, MINEM.

[21] Moretti I, Tenreyro R, Linares E, López JG, Letousey C, Magnier CF, Gaumet CF, Lecomte JC, López JO, Zimine S (2002). Petroleum system of the Cuban North-West offshore: Gulf of México. AAPG Memoir.

[22] Valdivia Tabares C, Veigas C, Martinez E, Delgado O, Dominguez Z, Pardo M, Jiménez L, Cruz R, Gómez J, Rosell Y, Rodríguez Morán O (2015) Informe de los resultados de la evaluación del potencial de hidrocarburos del Bloque 17. Archivo Técnico del Ceinpet, Havana.

[23] Pszczolkowski A et al (1987) Contribución a la geología de la provincia de Pinar del Rio. Ed. cientififico-técnica. ACC. Havana 4 Stratigraphy of Cuba 18726.

[24] Fernández Carmona J (1998) Bioestratigrafía del jurásico superior-cretácico inferior neocomiano de Cuba occidental y su aplicación en la exploración petrolera: tesis doctoral. Archivo del CEINPET, Havana.

[25] Linares E (2003) Comparación entre las secuencias mesozoicas de aguas profundas y someras de Cuba Central y Occidental. Signifificado para la exploración petrolera. Tesis de Doctor en Ciencias Geológicas, Archivos CUJAE y Ceinpet, Havana.

[26] Kiyokawa S, Tada R, Iturralde Vinent MA, Matsui T, Tajika E, Garcia DE, Yamamoto S, Oji T, Nakano Y, Goto K, Takayama H, Rojas Consuegra R (2000) Cretaceous-tertiary boundary sequence in the Cacarajicara formation, Western Cuba: an impact-related, high-energy, gravity-flflow deposit. Geol Soc Am Spec Pap 356:125-144.

[27] Tada R, Nakano Y, Iturralde Vinent MA, Yamamoto ST, Kamata E, Tajika K, Toyoda Kiyokawa S, García Delgado DE Goto K, Takayama H, Rojas Consuegra R, Matsui T (2002) Complex tsunami waves suggested by the Cretaceous-Tertiary boundary deposit at the Moncada section, western Cuba geological society of America special Paper 356.

[28] Blanco Bustamante S, Fernández G, Fernández J, Flores E y Sánchez J (1985) Zonaciones cubanas de los principales grupos fósiles de importancia estratigráfifica. Grupo I: escala paleontológica única. Proy. 165. P. I. C. G. 2a Reunión Internacional, Havana (inédito).

[29] Ducloz C, Vuagnat M (1962) A propos de l'age des serpentinites de Cuba. Arch Sci, Soc et d' Hist Nat 15(2):309-332.

[30] Linares Cala E, García DE, Blanco Bustamante S, Fajardo Fernández Y, Perez Estrada L (2015) Precisión de la edad de la Formación Lindero y su correspondencia con el fifinal del Arco de Islas Cretácicas. Anuario SCG Número 3.

[31] Hatten CW, Schooler OE, Giedt N, Meyerhoff AA(1958) Geology of central Cuba, eastern Las Villas and western Camaguey Provinces, Cuba. Unpublished report, Standard Cuban Oil Co. ,174.

[32] Belmustakov E, Dimitrova E, Ganev M, Haydutov Y, Kostadinov Y, Ianev S, Ianeva J, Kojumdjieba E, Koshujarova E, Popov N, Shopov V, Tcholakov P, Tchounev D, Tzankov T, Cabrera R, Diaz C, Iturralde Vinent M y Roque F (1981) " Geología del territorio Ciego de Ávila-Camagüey-Las Tunas. Resultados de las investigaciones y levantamiento geológico a escala 1:250000". Academias de ciencias de Cuba y Bulgaria. 940 páginas y mapas (Inédito). ONRM, MINBAS, Havana.

[33] Bronnimann P, Pardo G(1954) Annotations to the correlation chart and catalogue of formations (Las Villas province). Centro Nac Fondo Geol, Minist Indust Bas, Havana (inédito).

[34] Bermúdez PJ(1950) Contribución al estudio del cenozoico Cubano. Mem De La Soc Cubana De Historia Nat 19(3):205-375.

[35] Iturralde Vinent M, Díaz C (1986) Nueva unidad litoestratigráfifica del cretácico de Camagüey. Encuentro de geólogos en la escuela de Cuadros del MINBAS, Havana (res. pub.).

[36] Flores G, Auer WF (1949) Geology of the northwestern Camaguey province, Cuba. Bi-weekly report # 17. Centro nacional del fondo Geológico, MINBAS, Havana (inédito).

[37] Rutten MG (1936) Geology of the Northern part of the province Santa Clara. Cuba Geogr Geol Mededdel, Utrecht Geol Phys Reeks 11:1-60.

[38] Truitt P, Pardo G (1956) Pre tertiary stratigraphy of northern Las Villas province and northwestern Camaguey province, Cuba. Geologic memorandum PT-47. Unpublished report, Cuban Gulf Oil Co. ,76.

[39] Millán Trujillo G (1997) Posición estratigráfifica de las metamorfifitas cubanas. Estudios sobre geología de Cuba. Compilación de: Gustavo Furrazola Bermúdez y Kenya E. Núñez Cambra. Centro nacional de información geológica. IGP. Havana.

[40] Alsina de la Nuez P, Álvarez Castro J y Ramírez G (1968) Consideraciones geológicas acerca de las posibilidades de producción comercial de hidrocarburos en el área del Cauto. Rev. Tecnol. ,Havana,6(1-2):33-57.

[41] International Commission Stratigraphy IUGS (2016) International chronostratigraphic chart.

[42] Kantchev Il,Boyanov Y,Popov N,Goranov Al,Iolkichev N,Cabrera R,Kanazirski M,y Stancheva M(1978)Geología de la provincia de Las Villas. Resultados de las inves-tigaciones geológicas y levantamiento geológico a escala 1:250 000,realizado durante el período 1969-1975. Brigada cubano-búlgara. Inst Geol Paleont,Acad Cienc Cuba,Havana (inédito).

[43] Myczynsky,R. 1976. A new ammonite fauna from the Oxfordian of the Pinar del Rio province, western Cuba. Acta Geológica Polaca. 26 (2): 261-299, Warszawa,1976.

[44] Ortega y Ros P(1931)Informe geológico presentado al gobierno provincial de Santa Clara sobre el registro petrolero "Carco",denunciado por la compañía petrolera CARCO en la provincia de Santa Clara. Ofificina nacional de recursos Minerales, MINBAS,Havana (inédito).

[45] Rojas Agramonte Y,Kroner A,Pindell J,Garcia Delgado DE,Dunyi L,Yusheng W (2008) Detrital zircon geochronology of jurassic sandstone of Western Cuba. (San Cayetano Formation): implications for the jurassic paleogeography of the NW proto-caribean. Am J Sci 308:639-656.

[46] Sánchez Arango J,Attewell R (1993) Stratigraphy. In: The geology and hidrocarbon potential of the Republic of Cuba. Proprietary report,simon petroleum technology an CUBAPETRÓLEO eds. Llandudno,U. K. ,Chapter 3 and Box. No. 3.

[47] Shein VS, Konstantín A, Klischov Jain VE, Dikenshtein GE, Yparraguirre JL, García E,Rodríguez R,López JG,Socorro R y López JO (1985) Mapa Tectónico de Cuba escala 1:500000. Centro de investigaciones geológicas del ministerio de la industria básica. Edición ICGC,4 Hojas.

[48] Shopov V (1982) Estratigrafifia y subdivisión de las zonas placetas y Camajuaní en la antigua provincia de Las Villas. (Cuba Central). Ciencias de La Tierra y del espacio. No. 4 Academia de Ciencias de Cuba. 39-46.

[49] Truitt P (1955) Memo PT-34. Geology of the Punta alegre-cayo coco-Turiguanó area (1955) ONRM. MINEM,Havana (inédito).

区域矿产:金属矿产

[1] Adamovich A, Chejovich V (1969) Búsqueda de yacimientos de manganeso en la zona de Guisa-Los Negros, provincia de Oriente. Revista Tecnológica Ⅶ (1): 24-37.

[2] Aiglsperger Th, Proenza JA, Lewis JF, Labrador M, Svojtka M, Rojas Purón A, Longo F, Durisova FJ (2016) Critical metals (REE, Sc, PGE) in Ni laterites from Cuba and the Dominican Republic, Ore Geology Reviews 73:127-147.

[3] Alemán I, De la Torre A, Barroso AM, Lamas P, Pérez J, García M, Escobar A, Rodríguez RE (1993) Informe sobre la prospección detallada de oro a escala 1:50 000 en el sector Jobabo, Las Tunas. Yacimientos Maclama, Georgina, Iron Hill, Abucha: Inédito. Archivo Ofificina Nacional de Recursos Minerales. La Habana.

[4] Alfifieris D, Voudouris P (2005) Ore mineralogy of transitional submarine to subaerial Magmatic hydrothermal deposits in Western Milos, Greece. Au-Ag-Te-Se deposits IGCP Project 486, 2005 Field Workshop, Kiten, Bulgaria: 14-19. September 2005. Geochemistry, Mineralogy and Petrology 43, 6. Academia de Ciencias de Bulgaria. Sofía.

[5] Allende R (1927) Yacimientos Minerales de la República de Cuba. Boletín de Minas 11:1-70.

[6] Allibon J, Lapierre H, Bussyi F, Tardy M, Cruz Gámez EM, Senebier F (2008) Late Jurassic continental flflood basalt doleritic dykes in northwestern Cuba: remnants of the Gulf of Mexico opening. Bulletin Society Geology of France 179(5):445-452.

[7] Alonso JL, González V, Pérez J, González CJ, Padrón M, Lugo R (2004) T. T. P. Reevaluación de la información geológica del Campo Mineral Maclama y su introducción en una base de datos: Inédito. Archivo de la Ofificina Nacional de Recursos Minerales. La Habana.

[8] Andó J, Harangi S, Szkmány B and Dosztály L (1996) Petrología de la asociación ofifiolítica de Holguín. En: Iturralde Vinent, M. A. (ed.). Ofifiolitas y arcos volcánicos de Cuba. Miami, USA, IGCP Project 364, Special Contribution n. 1:154-178.

[9] Aniatov I, Lavandero RM (1983) Capacidad Menífera del complejo carbonatado-terrígeno del Jurásico -Cretácico Inferior de Cuba Occidental. Serie Geológica, No 2, 1983:19-47. La Habana.

[10] Ansted D (1856) The copper of Santiago de Cuba. In: Proceedings of the geolog-

ical society of London, 145-153. London.

[11] Avdeev S, Ferreiro M, Machado A, Fernández MA, Horta J y Bosch M (1986) Búsqueda Evaluativa para Au y W Lela y sus Flancos. Inédito, archivo ONRM, La Habana.

[12] Babushkin V, Tseimakh E, Akilvekov S, Sverov V, Kurtigueshev V y Orlov N (1990) Informe de los trabajos de levantamiento geológico-geofísico a escala 1 : 50000 y búsquedas acompañantes en el municipio especial Isla de la Juventud en colaboración con la URSS (CAME Ⅲ). Inédito, archivo ONRM, La Habana.

[13] Barrios F, Ávila A, García C, Pérez M, Cabrera H, Padrón C, Rodríguez E, Díaz A (1988) Informe búsqueda evaluativa Flanco Este Unión Ⅱ, Inédito. Archivo Ofificina Nacional de Recursos Minerales, La Habana.

[14] Biriukov B, Messina V, Ponce N, Navarro N (1969) Informe sobre los resultados de los trabajos de búsqueda y levantamiento a escala 1 : 50000 realizados en los años 1967-1968 en la parte oriental de la provincia Pinar del Río (región La Palma): Inédito. Archivo de la Ofificina Nacional de Recursos Minerales. La Habana.

[15] Blanes JA, Valdés EL, Chávez O, Chang JA (1991) Informe de los resultados del trabajo temático-productivo revisión de las minas antiguas Dora y Francisco. Inédito. Archivo Ofificina Nacional de Recursos Minerales. La Habana.

[16] Bolotin YA (1968) Informe de los trabajos de exploración geológica realizados en el prospecto de Guachinango en 1965-1967 con el cálculo de las reservas de las menas piríticas: Inédito. Ofificina Nacional de Recursos Minerales, La Habana.

[17] Bolotin YA (1969) Informe con el cálculo de reservas de las menas piríticas de los prospectos Carlota y Victoria, según los trabajos geológicos de exploración realizados en 1966-8: Inédito. Ofificina Nacional de Recursos Minerales, La Habana.

[18] Bolotin YA, Yidkov AY, Maximov AA, Sosa R (1970) Prospectos de minerales sulfurosos de la serie metamórfifica Escambray en la parte noroeste del macizo montañoso del mismo nombre: Revista Tecnológica, Ⅷ(2):35-48. La Habana.

[19] Bortnikov NS, Kramer JL, Guenkin AD, Krapiva LY y Santa Cruz M (1988) Paragenesis of gold and silver tellurides in the Florencia deposit, Cuba. International Geology Review 30:294-306.

[20] Boschman LM, van Hinsbergen DJ, Torsvik TH, Spakman W and Pindell JL (2014) Kinematic reconstruction of the Caribbean region since the Early Juras-

sic. Earth-Science Reviews 138:102-136. Editorial Elsevier, journal homepage: www. elsevier. com/locate/earscirev.

[21] Brovin M (1966) Informe sobre los trabajos de búsqueda de los minerales cupríferos realizados en la zona del yacimiento Carlota en los años 1964-1965:Inédito.

[22] Buguelskiy YY, and others (1985) Ore deposits of Cuba. UDC 553.042/061. Editorial Nauka. Moscú. In Russian and English.

[23] Cabrera R (1986) Geología y regularidades de la distribución de los yacimientos de cobre y oro de la región mineral de Las Villas. Instituto de Geología y Paleontología, Academia de Ciencias de Cuba, 130.

[24] Capote C, Santa Cruz M, González D, Altarriba I, Bravo F, De la Nuez D, Carrillo DJ y Cazañas X (2002) Evaluación del potencial de metales preciosos y base del arco cretácico en el territorio Ciego -Camagüey -Las Tunas: Inédito. Instituto de Geología y Paleontología, La Habana.

[25] Cazañas X, Pura A, Melgarejo JC, Proenza JA, Fallick AE (2008) Geology, flfluid inclusions and sulphur isotope characteristics of the El Cobre VMS deposit, Southern Cuba. Miner Deposita 43:805-824.

[26] Cazañas X, Melgarejo JC (1998) Introducción a la metalogenia del Mn en Cuba. Acta Geologica Hispanica, 33 (1-4):215-237.

[27] Cazañas X, Melgarejo JC, Alfonso P, Escusa A y Cuba S (1998) Un modelo de depósito vulcanogénico de manganeso del arco volcánico Paleógeno de Cuba: el ejemplo de la región Cristo-Ponupo-Los Chivos. Acta Geológica Hispánica, 1998, 33, 1-4:239-276.

[28] Cazañas X (2000) Depósitos volcanogénicos del Arco Paleógeno de la Sierra Maestra. El ejemplo del yacimiento El Cobre. Tesis de Doctorado en Geología. Departamento de Cristalografía, Mineralogía i Depòsits Minerals. Facultat de Geologia. Universitat de Barcelona.

[29] Cazañas X, Torres Zafra JL, Lavaut Copa W, Cobiella Reguera JL, Capote C, González V, López Kramer JL, Bravo F, Llanes AI, González D, Ríos Y, Ortega Y, Yasmany R, Correa A, Pantaleón G, Torres M, Figueroa D, Martin D, Rivada R y Núñez A (2017) Mapa Metalogénico de la República de Cuba a escala 1:250000.

[30] Chaliy D, Dovbnia V (1966) Informe acerca de los trabajos de búsqueda y

exploración realizados durante los años 1963-1965 en la zona de Holguín: Inédito. Archivo de la Ofificina Nacional de Recursos Minerales. La Habana.

[31] Cobiella Reguera JL (1988) El vulcanismo paleogénico cubano. Apuntes para un nuevo enfoque: Revista Tecnológica XVIII (4):25-32.

[32] Cobiella Reguera JL (1996) El magmatismo jurásico (Calloviano? - Oxfordiano) de Cuba occidental: ambiente de formación e implicaciones regionales: Revista de la Asociación Geológica Argentina 51(1):15-28.

[33] Costafreda JL, Correa B, Guerra M, Mesa G (1993) Informe prospección detallada oro Aguas Claras, provincia de Holguín, cancelado por el Período Especial en tiempo de paz:Inédito. Archivo de la Ofificina Nacional de Recursos Minerales. La Habana.

[34] Costafreda JL, Quiñones CL, Recouso Y, Rubio MD, Ge Bartelemi P, Correa B y Del Toro A (1994) Informe exploración orientativa y detallada oro Reina Victoria (cancelado): Inédito. Archivo de la Ofificina Nacional de Recursos Minerales. La Habana.

[35] Costafreda JL (1996) Secuencia histórica de los trabajos mineros realizados en los cotos mineros Guajabales y Aguas Claras: Inédito. Archivo de la Ofificina Nacional de Recursos Minerales. La Habana.

[36] Cox DP, Lindsey DA, Singer DA, Moring BC, Diggle MF(2007) Sediment-Hosted Copper Deposits of the World: Deposit Models and Database. Open-File Report 03-107. Versión 1. 3. Disponible online en https://pubs. usgs. gov/of/2003/of03-107/.

[37] Cruz Gamez EM, Maresch W, Cáceres D, Balcázar N, Martín K (2003) La Faja Cangre y sus rasgos metamórfificos. Pinar del Río. Cuba. V Congreso Cubano de Geología y Minería. Memorias Trabajos y Resúmenes. Centro Nacional de Información Geológica. La Habana.

[38] Cruz Gámez EM, Velasco Tapia F, García Casco A, Despaigne Díaz AI, Lastra Rivero JF y Cáceres Govea D (2016) Geoquímica del magmatismo mesozoico asociado al Margen Continental Pasivo en el occidente y centro de Cuba. Boletín de la Sociedad Geológica Mexicana.

[39] De la Sagra R (1842) Historia Física, Política y Natural de la Isla de Cuba. Capítulo VIII. Edición Española. París.

[40] Díaz A, Prieto A, Bárzana A, Padrón C, Borges E, Salinas A, Fernández R, Cabrera

F, Guerra J, Izquierdo M (1993) Informe evaluación orientativa de cobre Castellano. Inédito. Archivo de la Ofiicina Nacional de Recursos Minerales. La Habana.

[41] Díaz de Villalvilla L(1988) Caracterización geológica y petrológica de las asociaciones vulcanógenas del arco insular cretácico en Cuba central: Instituto de Geología y Paleontología, resumen de la tesis presentada en opción al grado científifico de candidato a doctor en ciencias, 1-28.

[42] Distler VV, Kriasko VV, Sansdomerskaya SM, Botova MM, Sviechkova VV, Nikolskaya NM, Eschenova ZA, Bielovsov GE, Falcón J, Campos M, Muñoz N, Rodríguez J, Guardado R, Rodríguez A, Cabrera R, Fonseca E, Rodríguez D, Guerra I, López I y Ávila E (1989) Información de la presencia de EGP en lateritas y cromitas de Cuba. Inédito. Instituto de Geología de los yacimientos minerales, Petrografía, Mineralogía y Geoquímica, Academia de Ciencias de la URSS, Rusia, Instituto Superior Minero Metalúrgico de Moa, Cuba, Instituto de Geología y Paleontología, La Habana, Cuba pag. 45.

[43] Dublan L, Álvarez H, Lledías P, Svestka J, Vázquez C, Marsal W, González E, Micoch B, Molak B, De los Santos E, Soucek J, Pérez M, Mihalikova A, Bernal L, Zoubek J, Ordóñez M, Lavandero R, Marousek J, Manour J, Pérez R y Rodríguez R (1986) Informe. fifinal del levantamiento geológico y evaluación de los minerales útiles en escala 1:50000 del polígono CAME I Zona Centro: Inédito. Ofiicina Nacional de Recursos Minerales, La Habana.

[44] Durañona D, Rodríguez A, González CJ y Pimentel H (1990) Informe fifinal de prospección preliminar de polimetálicos en los sectores Guáimaro-Palo Seco y otros: Inédito. Archivo de la Ofiicina Nacional de Recursos Minerales. La Habana.

[45] Edwards R, Atkinson K (1986) Ore deposit geology and its inflfluence on mineral exploration: Editorial Chapman and Hall, London, New York, 466.

[46] Emsbo P (2009) Geologic criteria for the assessment of sedimentary exhalative (SEDEX) Zn-Pb-Ag deposits: U. S. Geological Survey Open-File Report 2009-1209, 21.

[47] Espinosa A (1985) Informe geológico sobre la toma de muestras tecnológicas Carlota-Guachinango-Victoria: Inédito.

[48] Fernández MA, Díaz M, Pardo Echarte M (2000) TTP Reprocesamiento de la información geológica de las áreas revertidas por la AE Matlock Delita SA. Inédito. Ofiicina Nacional de Recursos Minerales, La Habana.

[49] Ferreiro M, Fernández MA, Díaz M, Rodríguez N y Vázquez A (1992) Prospección preliminar metales raros Colony. Inédito. Ofificina Nacional de Recursos Minerales, La Habana.

[50] Garapko I, Yurov L, Chulga A, Sorokin B, Eguipko O (1974) Constitución geológica y minerales útiles de la Isla de Pinos. Informe sobre el levantamiento geológico y las búsquedas a escala 1:100 000 realizados en los años 1971-1974. Inédito. Archivo de la Ofificina Nacional de Recursos Minerales, La Habana.

[51] García Casco A, Iturralde Vinent M, Pindell J (2008) Latest cretaceous collision/accretion between the caribbean plate and caribeana: origin of metamorphic terranes in the greater antilles. International Geology Review 50(9):781-862.

[52] García L, Escalona N y Seisdedos G (1979) Exploración detallada del flflanco NE del yacimiento Santa Lucía, Pinar del Río. Inédito. Ofificina Nacional de Recursos Minerales, La Habana.

[53] García CA, Ávila A, Hung A, Pérez M, Kindelán R y Basulto M (1988) Ejecución de los trabajos del proyecto de exploración orientativa del yacimiento de piedra y pirita cuprífera Unión II. Inédito. Ofificina Nacional de Recursos Minerales, La Habana.

[54] García CA, Ávila A, Kindelán R, Pérez M, Valdivia M, Castañeda JA, Díaz A, Hernández G e Izquierdo M (1990) Informe de los trabajos de Exploración Orientativa para menas sulfurosas-cupríferas del Yacimiento Juan Manuel y el complemento de la Exploración Orientativa del yacimiento Unión.

[55] Gervilla F, Proenza JA, Frei R, González Jiménez JM, Garrido CJ, Melgarejo JC, Meibom A, Díaz Martínez R, Lavaut W (2005) Distribution of platinum-group elements and Os isotopes in chromite ores from Mayarí-Baracoa Ophiolite Belt(eastern Cuba). Contrib Miner Petrol 150:589-607.

[56] González H y Sotolongo R (1998) Reporte trabajos de reconocimiento en la concesión Trinidad. Inédito.

[57] González Jiménez JM, Proenza JA, Gervilla F, Melgarejo JC, Blanco Moreno JA, Ruiz Sánchez R and Griffifin WL (2011) High-Cr and high-Al chromitites from the Sagua de Tánamo district, Mayarí-Cristal ophiolitic massif (eastern Cuba): Constraints on their origin from mineralogy and geochemistry of chromium spinel and platinum-group elements. LITHOS-02396.

[58] Goodfellow WD and Lydon JW (2007) Sedimentary exhalative (SEDEX) depos-

its: in Goodfellow, W. D. (Ed.). Mineral Deposits of Canada, A Synthesis of Major Deposit Types, District Metallogeny, the Evolution of Geological Provinces, and Exploration Methods, Geological Association of Canada, Mineral Deposits Division, Special Publication No. 5: 163-184.

[59] Gorielov VE, Gorielova VG y Stareva M (1965) Informe del prospecto Carlota en la provincia de Las Villas, con el cálculo de reservas del mineral pirita según los trabajos efectuados en el año 1963. Inédito. Ofificina Nacional de Recursos Minerales, La Habana.

[60] Harnish DE and Brown PE (1986) Petrogenesis of the Casseus Cu-Fe skarn, Terre Neuve district, Haití. Economic Geology 81 (7): 1801-1807.

[61] Hayes TS, Cox DP, Piatak NM and Seal RR II (2015) Sediment-hosted stratabound copper deposit model: U. S. Geological Survey Scientifific Investigations Report 2010-5070-M, 147.

[62] Iturralde Vinent MA (1986) Reconstrucción palinspática y paleogeografía del Cretácico Inferior de Cuba oriental y territorios vecinos. Revista Minería y Geología 1: 1-4.

[63] Iturralde Vinent MA (1989) Rol de las ofifiolitas en la constitución geológica de Cuba (russian/english). Geotectonics 4: 63-76.

[64] Iturralde Vinent MA (1995) Implicaciones tectónicas de magmatismo de margen continental pasivo en Cuba. En A. C. Ricardii y M. P. Iglesias Llanos (Editores). Jurásico de Cuba y América del Sur. Proyecto UNESCO/IUGS PICG 322: 14-30. Buenos Aires.

[65] Iturralde Vinent MA (1996) Magmatismo de margen continental en Cuba. En: Iturralde-Vinent, M. , (ed.), Ofifiolitas y arcos volcánicos de Cuba. International Geological Correlation Program, Project 364. Geological Correlation of Ophiolites and volcanic arcs in the Circumcaribbean Realm: 121-130. Miami, Florida.

[66] Iturralde Vinent MA Editor (2011) Compendio de Geología de Cuba y del Caribe. Primera Edición. DVD-ROM. Editorial CITMATEL, La Habana, Cuba.

[67] Jones ChE, Jenkyns HC (2001) Seawater strontium isotopes, oceanic anoxic events, and seaflfloor hydrothermal activity in the Jurassic and Cretaceous. Am J Sci 301: 112-149.

[68] Kantchev I, Boyanov I, Popov N, Cabrera R, Goranov A, Iolkoev N, Kanazirski M y Stancheva M (1978) Informe Geología de la provincia de Las Villas. Resultados

de las investigaciones geológicas y levantamiento geológico a escala1 :250000 realizados durante el período 1969-1975.

[69] Inédito. Ofificina Nacional de Recursos Minerales, La Habana 69. Kerr A, Iturralde Vinent MA, Saunders A, Babbs T, Tarney J (1999) A new plate tectonic model of the Caribbean: Implications from a geochemical reconnaissance of Cuban Mesozoic volcanic rocks. Geol Soc Am Bull 111(11):1-20.

[70] Kesler SE (1968) Contact-localized ore formation at the Meme mine, Haiti. Econ Geol 63:541-552.

[71] Kilias SP, Detsi K, Godelitsas A, Typas M, Naden J and Marantos Y (2007) Evidence of Mn-oxide biomineralization, Vani Mn deposit, Milos, Greece, in C. J. Andrew et al eds. , Proceedings of the Ninth Biennial SGA Meeting, Dublin 2007: 1069-1072.

[72] Kozulin VA, Antoneev IV y Shulzhenko VM (1973) Complemento al informe yacimiento Hierro, confeccionado como resultado de los trabajos de exploración geológica realizados en este yacimiento en los años 1971-1973 y del cálculo de reservas el 1 de Marzo de 1973. Inédito. Ofificina Nacional de Recursos Minerales, La Habana.

[73] Lara J, Izquierdo M, Padrón C, Martínez N, Córdova R (1989) Informe sobre los resultados de la búsqueda evaluativa de sulfuros en los sectores Baja-Veguita-La Vitrina, dentro del campo mineral Santa Lucía-Castellano. Inédito. Archivo Ofificina Nacional de Recursos Minerales, La Habana.

[74] Large RR, Bull SW, Maslennikov VV (2011) A Carbonaceous Sedimentary Source-Rock Model for Carlin-Type and Orogenic Gold Deposits. Econ Geol 106 (3):331-335.

[75] Lavandero RM, Estrugo M, Santa Cruz Pacheco M, Bravo F, Melnikova A, Cabrera R, Trofifimov VA, Romero J, Altarriba I, Álvarez P, Aniatov II, Badanchivin B, Barishev AN, Carrillo DJ, Cazañas X, Cuellar N, Dovbnia AV, Formell F, García M, González D, Gue GG, Janchivin A, Krapiva LJ, López J, Lozanov I, Montenegro J, Pantaleón G, Estefanov N, Vázquez A, Zagoskin AM y Zhidkov AYa (1985) Sistematización y generalización de los Yacimientos Minerales Metálicos de Cuba. Informe inédito. Ofificina Nacional de Recursos Minerales, La Habana.

[76] Lazarenkov VG, Tikhomirov I, Zhidkov AYa, Talovina IV (2005). Platinum Group Metals and Gold in Supergene Nickel Ores of the Moa and Nicaro Deposits (Cu-

ba). Lithology and Mineral Resources, 40 (6): 521-527. Translated from Litologiya i Poleznyel skopaemye, No. 6, 2005, 600-608. Original Russian Text Copyright 2005 by Lazarenkov, Tikhomirov, Zhidkov, Talovina.

[77] Leach DL, Taylor RD, Fey DL, Diehl SF and Saltus RW (2010) A deposit model for Mississippi Valley-Type lead-zinc ores, chap. A of Mineral deposit models for resource assessment: U. S. Geological Survey Scientifific Investigations Report 2010-5070-A. 52. Available from: https://www. usgs. gov/pubprod.

[78] Legrá García I, Palanco CS, y Capote Flores N (2018) Caracterización geoquímica de los perfifiles lateríticos de los yacimientos Yagrumaje y Camarioca Este. DG P 114. Memorias MINEMETAL 2018. IV Congreso de Minería y Metalurgia. Resúmenes y Trabajos. Centro Nacional de Información Geológica, Instituto de Geología y Paleontología- Servicio Geológico de Cuba. La Habana.

[79] Llanes AI, Díaz de Villalvilla L, Despaigne AI, Ronneliah Sitali M y García Jiménez D (2015) Geoquímica de las rocas volcánicas máfiicas de edad Cretácica de la región de Habana-Matanzas (Cuba occidental): implicaciones paleotectónicas. Ciencias de la Tierra y el Espacio, 16(2): 117-133.

[80] Lobanov P, Zhidkov A, Estrugo M, Vavilov G, Shelagurov V, Ruizhkov J (1976) Informe sobre la exploración preliminar del yacimiento pirito - polimetálico Castellano durante los años 1972-1974 con el cálculo de reservas según estado el 1-1-75. Inédito. Offifcina Nacional de Recursos Minerales, La Habana.

[81] López Kramer JM (1988) Composición sustancial y asociaciones mineralógicas de los yacimientos auríferos hidrotermales de Cuba. Tesis para la obtención del grado científifico de Dr. C. Geólogo-Mineralógicas. Instituto de Geología de los yacimientos minerales, mineralogía, petrografía y geoquímica. IGEM. ACC URSS. In Russian.

[82] López Kramer JL, Poznaikin VV, Morales A, Echevarría BT y otros (1990) Informe fifinal del tema 409-09 Fundamentación de los trabajos de búsqueda y exploración de oro en el territorio de la República de Cuba, con la evaluación de los recursos pronósticos a escala 1 : 500000: Inédito. Archivo de la Offifcina Nacional de Recursos Minerales. La Habana.

[83] López Kramer JM, Pimentel H, Redwood S, Gandarillas Hevia J y Pérez Vázquez RG (2008) Depósitos primarios de oro y plata del Archipiélago Cubano. Ciencias de la Tierra y el Espacio, 9: 49-61.

[84] Marchesi C, Garrido CJ, Bosch D, Proenza JA, Gervilla F, Monié P, Rodriguez Vega A (2007) Geochemistry of cretaceous magmatism in eastern Cuba: recycling of North American continental sediments and implications for subduction polarity in the Greater Antilles paleo-arc. J Petrol 48(9):1813-1840.

[85] Maximov A, Grachev G y Sosa R (1968) Geología y minerales útiles de las pendientes nor-occidentales del sistema montañoso Escambray. Informe sobre los trabajos de búsqueda- levantamiento a escala 1:50000 realizados en la parte sur de la provincia Las Villas: Inédito.

[86] Mc Cormick DF (1918) Minas de Matahambre (Parte I). Boletín de Minas No 4: 61-68.

[87] Milia González I, Pérez M, Torres M (2013) Acerca de la presencia de Arfvedsonita y Baddeleyita en las rocas sieníticas de Camagüey, Cuba. V Convención Cubana de Ciencias de la Tierra, Geociencias` 2013. Memorias en CD-ROM, La Habana, 1 al 5 de abril de 2013.

[88] Millán G (1997) Geología del macizo metamórfifico Isla de la Juventud. In: G. F. Furrazola Bermúdez, K. E. Núñez Cambra, (eds.). Estudios sobre Geología de Cuba: 259-270. La Habana, Cuba, Centro Nacional de Información Geológica.

[89] Montano JL, Torres JL, Suárez A, Altarriba I, Lavandero RM, Moreira J, Pardo M, González D, Cazañas X, Bravo F, Puentes G (2001) Reevaluación metalogénica de los recursos minerales de oro, plata y polimetálicos asociados en esquistos negros (secuencias ricas en materia orgánica) Escambray. Inédito. Instituto de Geología y Paleontología, La Habana.

[90] Moreira J, Torres Zafra JL, Montano JL, Morales A, Altarriba I, Bravo F, Suarez A, Echevarría BT, Carrillo DJ, Chang JL, y González D, (1999) Reevaluación metalogénica del potencial de recursos minerales de metales preciosos y bases en Cuba Oriental: Inédito. Archivo del Instituto de Geología y Paleontología, La Habana.

[91] Mormil S, Norman A, Varvarov A, Skosiriev V, Linares E y Vergara F. (1980) Geología y Metalogenia de la provincia de Pinar del Río. Inédito.

[92] Mosier DL and Page NJ (1988) Descriptive and grade-tonnage models of volcanogenic manganese deposit in oceanic environments-A modifification. US Geological Survey Bulletin 1811. 28 págs.

[93] Mozgova MI, Boronijin BA, Generalov ME, Lopez Kramer JL (1989) Doklady

Akademii Nauk,Soviet Union. Tom,309 (5):1181-1186.

[94] Muliukov E M,Guzmán I V (1969) Informe de los trabajos geológicos realizados en el yacimiento Hierro con el cálculo de reservas según su estado para el 1 -Ⅷ-1969. Inédito. Archivo Offificina Nacional de Recursos Minerales,La Habana.

[95] Murray WH,Oreskes N,Einaudi MT (1992) Geological characteristics and tectonic setting of proterozoic iron oxide (Cu-U-Au-REE) deposits. Precambr Res 58 (1-4):241-287.

[96] Naden J,Kilias SP,Derbyshire DBF (2005) Active geothermal systems with entrained seawater as analogues for transitional continental magmato hydrothermal and volcanic-hosted massive sulfifide mineralization-the example of Milos island, Greece. Geology 33:541-544.

[97] Nanian B,Sedov V,Shulzhenko V,Andreev S,Fernández R,Estrugo M,Efifimova Z,Semionov I y Mezentsev A (1972) Informe con el cálculo de reservas de las menas pirítico-cupríferas del yacimiento Unión I en base a los trabajos de exploración geológica ejecutados en los años 1967 - 1972. Inédito. Offificina Nacional de Recursos Minerales,La Habana.

[98] Niiranen T,Poutiainen M,Mänttäri I (2007) Geology,geochemistry,flfluid inclusion characteristics,and U-Pb age studies on iron oxide-Cu-Au deposits in the Kolari region,Northern Finland. Ore Geol Rev 30:75-105.

[99] Nikolaev A,Núñez A,Sánchez R,Cordovés R,Reborido J y Rosales C (1981) Trabajos de levantamiento a escala 1:100000 y resultados de las búsquedas a escala 1:50000 y 1:25000 ejecutados en la parte este de la provincia Guantánamo. Inédito. Archivo de la Offificina Nacional de Recursos Minerales. La Habana.

[100] Novizky V (1964) Informe sobre los trabajos de exploración geológica efectuados en 1962-1963 en la zona de Mina Dora y el cálculo de reservas de los yacimientos Dora y Amistad en la zona Matahambre,provincia de Pinar del río. Inédito. Archivo Offificina Nacional de Recursos Minerales. La Habana.

[101] Ortega P (1916) Ojeada retrospectiva y reseña sobre el estado actual de la minería en Cuba. Boletín de Minas No 1:2-29.

[102] Ovchinnikov V,Balbis C,Biriolin V,Volcov V,Bolotov R,Díaz G,Lugo R,Pérez F,Laverov Y y Pak G (1982) Informe sobre los trabajos geológicos de búsqueda orientativa a escala 1:25000 y detallada 1:10000 para oro,cobre y molibdeno en la región Martí-Bartle-Las Tunas en los años 1976-1981. Inédito. Archivo de la

Ofificina Nacional de Recursos Minerales. La Habana.

[103] Ovchinnikov V, Robaina M, Hernández A, Valdivia M, Rodríguez A, Salinas A, Fernández R, Estrada N y Martínez A (1993) Informe sobre los resultados de la exploración detallada del yacimiento pirítico - polimetálico Santa Lucía en la provincia Pinar del Río, realizados durante los años 1982 -1987 con el. cálculo de reservas hasta el 1 de Diciembre de 1993. Inédito. Ofificina Nacional de Recursos Minerales, La Habana.

[104] Padilla I, Lufriú L, Leal A, Millán G, Corbea L y Prieto F (1994) Resultados del levantamiento aerogeofísico complejo en el territorio de las provincias Cienfuegos, Villa Clara y Sancti Spiritus (Sector Escambray): Inédito. Ofificina Nacional de Recursos Minerales, La Habana.

[105] Page LR and McAllister JF (1944) Tungsten deposits Isla de Pinos, Cuba. U. S. Geological Survey Bulletin 935-D: 177-246.

[106] Park, C. F. (1942) Manganese deposits of Cuba. Geologic investigations in the American republics 1941-1942. U. S. Geological Survey Bulletin 935-B: 75-97.

[107] Park CF and Cox M (1944) Manganese deposit in part of the Sierra Maestra, Cuba. Geologic investigations in the American republics. U. S. Geological Survey Bulletin 935- F: 307-355.

[108] Pein BJ (1997) The role of mercury-organic interactions in the hydrothermal transport of mercury: Economic Geology, 91(1): 20-28.

[109] Pentelenyi I, Foldessy J, García EM y Velázquez J (1990) Informe sobre los resultados del levantamiento geológico complejo polígono IV CAME Holguín: Inédito. Ofificina Nacional de Recursos Minerales, La Habana.

[110] Pérez RG y Melgarejo JC (1998) El yacimiento Matahambre (Pinar del Río, Cuba): estructura y mineralogía., Geología y Metalogenia de Cuba: una introducción. J. C. Melgarejo y J. A. Proenza Eds. Acta Geológica Hispanica, Vol. 33 (1-4): 133-152.

[111] Piotrowski J (1977) First manifestations of volcanism in the Cuban geosyncline. Academie Polonaise des Sciences Bulletin, Sere des Sciences de Ia Terre 24 (3-4): 227-234, Warsaw.

[112] Podkamenny A, Guzmán L (1971) Informe de los resultados de los trabajos de búsqueda y búsqueda-exploración en la región del yacimiento Hierro. Inédito. Ofificina Nacional de Recursos Minerales. La Habana.

[113] Popov M, Cordovés R, Urgellés J y Reborido J (1984) Informe fifinal sobre la búsqueda orientativa y detallada en escala 1 : 25000 y 1 : 10000 del sector La Cruzada, en las montañas de la Sierra del Purial: Inédito. Archivo de la Ofificina Nacional de Recursos Minerales. La Habana.

[114] Proenza JA, Gervilla F, Melgarejo JC, Bodinier JL (1999) Aland Cr-rich chromitites from the Mayarí-Baracoa Ophiolitic Belt (Eastern Cuba): consequence of interaction between volatile-rich melts and peridotites in suprasubduction mantle. Econ Geol 94:547-566.

[115] Proenza JA, Melgarejo JC (1998) Una introducción a la metalogenia de Cuba bajo la perspectiva de la tectónica de placas. En Acta Geológica Hispánica 33 (1):89-131.

[116] Proenza JA et al. (2004). Distribución de elementos del grupo del platino (EGP) y Au en la faja ofifiolítica Mayarí-Baracoa (Cuba oriental). En: Pereira, E. , Castroviejo R. , Ortiz F. , (Editores), Complejos ofifiolíticos en Iberoamérica: guías de prospección para metales preciosos: 309-336.

区域矿产:工业矿产

[1] Atlas Nacional de Cuba (1970) Datos Físico-geográfificos. Academia de Ciencias de Cuba y URSS.

[2] Bates RL (1959) Classifification of the nonmetallics. Econ Geol 1(54):248-253.

[3] Bates RL (1969) Geology of industrial rocks and minerals. Dover Publications, New York.

[4] Batista González R y otros (2001, actualizado al 2016). Sistema Informativo para los Recursos Minerales de la República de Cuba (INFOYAC), bases de datos. IGP, La Habana, Cuba.

[5] Batista González R y otros (2011) Mapa de rocas y minerales industriales de Cuba, escala 1 : 100000, CD-ROM. IGP, La Habana.

[6] Bauman L, Tishendorph G (1979). Введение в металлогению-минерагению (пер. с нем), М.

[7] BilibinYA (1961) Металлогеническиепровинциииметалло-геническиеэпохи. Избр. Тр. Т. 3. -М. : Изд-во АН СССР: 67-130.

[8] Brito A, Coutín DP (2018) Las Zeolititas de Cuba: recuento de 45 años dedicados a su estudio. IGP, La Habana, Cuba.

[9] Cabral JrM y otros (2005) Minerais Industriais- orientação para regularizaçâo e implementaçâo de empreendimentos. Sâo Paulo, IPT, 86.

[10] Cobiella Reguera JL (2018) Texto explicativo del mapa tectónico de Cuba (inédito). IGP, La Habana, Cuba.